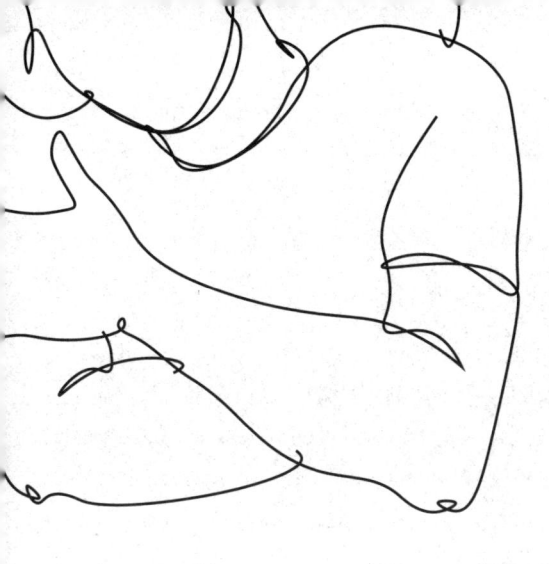

[法]法布里斯·米达勒 著
Fabrice Midal

赵婉雪 译

高敏感

被低估的品质与天赋

浙江人民出版社

图书在版编目（CIP）数据

高敏感：被低估的品质与天赋 /（法）法布里斯·米达勒著；赵婉雪译. — 杭州：浙江人民出版社，2023.6

ISBN 978-7-213-11011-5

Ⅰ.①高… Ⅱ.①法…②赵… Ⅲ.①心理学—通俗读物 Ⅳ.①B84-49

中国国家版本馆CIP数据核字（2023）第043714号

浙江省版权局
著作权合同登记章
图字：11-2021-292号

Suis-je hypersensible?
by Fabrice Midal
text Copyright © Fabrice Midal 2021
Copyright © Flammarion / Versilio 2021
International Rights Management: Susanna Lea Associates
First published in France in 2021 by Flammarion / Versilio.
Simplified Chinese translation rights arranged with Flammarion / Versilio through BARDON-CHINESE MEDIA AGENCY.
Simplified Chinese edition published in 2023 by Zhejiang People's PublishingHouse Co.,Ltd.

高敏感：被低估的品质与天赋

GAOMINGAN: BEI DIGU DE PINZHI YU TIANFU

[法] 法布里斯·米达勒 著 赵婉雪 译

出版发行：浙江人民出版社（杭州市体育场路347号 邮编：310006）
市场部电话：（0571）85061682 85176516
责任编辑：方 程
特约编辑：楼安娜
营销编辑：陈雯怡 赵 娜 陈芊如
责任校对：姚建国
责任印务：幸天骄
封面设计：蔡炎斌
电脑制版：北京之江文化传媒有限公司
印　　刷：杭州丰源印刷有限公司
开　本：880毫米×1230毫米 1/32　　印　张：7.5
字　数：143千字　　　　　　　　　　　插　页：2
版　次：2023年6月第1版　　　　　　　印　次：2023年6月第1次印刷
书　号：ISBN 978-7-213-11011-5
定　价：58.00元

如发现印装质量问题，影响阅读，请与市场部联系调换。

光阴流转，寒山潸然泪下
——为中文版而序

高敏感者为数众多，这些人认为自己难随大流，不总是敢于启齿：他们比旁人更敏感、更易情绪满怀、更具共情能力，偶尔与身边的亲朋拉开距离。而中国思想、中国社会对高敏感这一现象也有格外关注。

孔子无疑是最早指出敏感绝非缺陷的伟大思想家之一。孔子在《孝经》中云："孝子之丧亲也，哭不偯，礼无容……此哀戚之情也。"一个痛失考妣、亲朋的人，若未能泪流满面，便不合乎礼教，意味着背离了自己的职责。他认为，礼仪、教育和文化与我们的敏感紧密相关。

与其深陷敏感，不如让它形之于外！

孟子——孔子思想的继承者之一，甚至强调敏感是一切道德的源头。"今人乍见孺子将入于井，皆有怵惕恻隐之心。"突然看见有小孩要掉井里时，人们都会焦急万分，想要伸出援手。孟子的教导使高敏感者意识到，自己的独特性并不反常，它是人类固有的品质。我们需要借此品质，树立起对他人、对世界的责任意识。

把我们的高敏感转化为力量吧！世界将因此更加温暖人心、充满柔情。

佛教启示我们重觅内心之自由，于趋俗的社会境遇中抽身而退。高敏感便是一条通向真性情的道路。佛家高僧、大师同样向世人揭示了可以让当下任何一位高敏感者幸福生活的方法。

由此，我想到唐代著名诗僧寒山的诗，它们以一种微妙的方式映射出人类生存的悲剧色彩，这也是世界文学史上有关高敏感最美的记载之一。光阴流转，寒山潸然泪下。出于对他人、对世界深深的爱，诗人邀请我们向"悲天悯人"敞开怀抱，敦促我们培养敏感性。

对高敏感的思考与体验，中文里的传世宝典蔚为大观，拙著如今有了中译本，这让我尤其引以为豪。

今天，得益于神经科学的贡献，高敏感的轮廓更加清晰：神经科学解释了为什么某些人的大脑具有强烈的敏感性。同时，进化史也向我们表明，自古以来，任何人类族群都需要大约20%的个体成为高敏感者。因为高敏感者能够明察秋毫，保护部族免受伤害，他们能够发明新方法，创造新的可能……

当今世界，技术、效能意识横扫一切、成为主流，高敏感这些珍宝岌岌可危。一味追求高效与收益，人类正在被迫走向自身的机械化。这是任何一个生命体，尤其是高敏感者痛苦感受的根源所在。

而伟大的中国传统，无论是儒释道等哪一个维度，或许均有能力缓解由技术引发的非人性化。

为我们的敏感正名，好好保护它。

这正是本书邀您踏上的路……

目 录 Contents

第 一 章	反应过度也可以是一种幸运	/ 001
第 二 章	把高敏感转化为生命的礼物	/ 008
第 三 章	向自己发问——我是谁	/ 017
第 四 章	幸运的路克：在真实的感受中汲取力量	/ 023
第 五 章	接纳并喜爱自己本来的样子	/ 029
第 六 章	虚假自我让你迷失了方向	/ 035
第 七 章	被活生生去皮的人：有幸走出他的保护罩	/ 043
第 八 章	情绪一旦被认识清楚便能偃旗息鼓	/ 051
第 九 章	高敏感可以被训练出来	/ 060
第 十 章	女巫：颂扬了敏感的天赋	/ 067
第 十一 章	相信如烟花绽放般的想法	/ 074
第 十二 章	锚定：让思绪回到你所在的地方	/ 081
第 十三 章	心：只会在不经意间打开	/ 087
第 十四 章	雅各：因接纳而拥有参与世界的关键	/ 093
第 十五 章	天资超凡者：具有强烈的好奇心	/ 100
第 十六 章	边界居民：在更富生机的世界得到滋养	/ 108

第 十 七 章	规范：碾压了个体性、独特性	/ 114
第 十 八 章	普鲁斯特：由我们自己发现智慧	/ 121
第 十 九 章	平复自己的唯一方法是不去控制	/ 131
第 二 十 章	安静：少了烦嚣，多了坚定	/ 138
第二十一章	倦怠：警示耗损和无意义感	/ 144
第二十二章	高效：不做转轮里徒劳奔命的仓鼠	/ 152
第二十三章	紧张：人非岩石的自然反应	/ 158
第二十四章	蜘蛛侠：一个和高敏感有关的美丽隐喻	/ 163
第二十五章	恋爱：涌现生命觉醒的力量	/ 171
第二十六章	亲密关系：不再羞愧于自己人性的一面	/ 177
第二十七章	冥想：在平静中感受世界，与自己和解	/ 181
第二十八章	打开艺术大门的钥匙	/ 188
第二十九章	豌豆公主：勇敢接纳自己的本色	/ 195
第 三 十 章	远离让你不适的"吸血鬼"	/ 200
第三十一章	自恋：自觉地做自己是绽放生命的开始	/ 204
第三十二章	崇高：无限性的倾泻	/ 210
第三十三章	大自然：可以治愈我的一切创伤	/ 216
第三十四章	高敏感是一种被选择的天赋	/ 222

| 结 尾 幸福恰到好处 | / 228 |
| 致 谢 | / 231 |

第一章

反应过度也可以是一种幸运

声音、气味、感动、共情、思绪……上千种让人反应过度的形态。

在过去很长一段时间里，我都被一种混乱裹挟着，活在对自己、对周遭一切无理抗争的纠缠中。我的生活像是一盘支离破碎的拼图，散乱的部分在我看来互不相容，甚至毫不相干。它们唯一的共同点：每一部分都在三维世界里沸腾、翻滚。

浸没在高度、过度、过多的反应之中，我渴望变得平静。混乱中隐匿着过多的感觉，过多的触动，过多的想法，它们散佚在各个方向，从未让我感到平和。背负着强烈的感受，我有些不知所措。

四岁那年，母亲给我套上和姐姐一样的羊毛衫，送我们一起去上学。我哭喊着，叫嚷着。母亲很恼火，但她没有让步。我晚上仍然在哭。那真是噩梦似的一天：我一门心思想着这件扎人的毛衣，我的皮肤感受着每一缕能把我彻底逼疯的纤维。而我的姐姐，她倒是度过了非常普通的一天。

第二天，还是同样的情况。第三天，不明就里的母亲终于回过神，给我买了件棉质套衫，此事告一段落。那时，我的欢欣和烦恼一样，都过于强烈：感激之情让我喘不过气，我扑进母亲的怀里，用自己四岁的全部力量拥抱母亲。

这和任性无关，我不知道父母是否理解过我的感受。我在童年、青少年时期会对以下事情反应过度：电视音量、冷热、人群、玩笑、想象，以及让我热泪盈眶的温情细微之举，比如晚上为保暖被要求穿上的睡袜。其实都是些生活里的细枝末节，但在我生命里没有什么是客观的。我做不到无动于衷。穿梭在漫无边际的感觉世界里，从欢笑到流泪，从亢奋到沮丧，对我来说，不过是瞬间的事。

别人的生活，在我看来像是一条静静流淌的河；而我和他们不一样，我的生活是一列过山车。别人不感兴趣的事，我会报以热情，我感兴趣的事——画画、阅读，能让我全神贯注数个小时。每年夏天，父母都会给我报名参加夏令营，但我甚至不愿尝试和其他小朋友一起玩耍。追逐或攀爬，对我来说索然无味。我不合小孩的群，却能找到方法凑近成年人——辅导员或是校长——向她们倾诉自己溢满于心的爱。其他小孩需要在操场上发泄自己；而我，需要真正的纽带，

第一章 反应过度也可以是一种幸运

需要温情和怀抱,但总会反应过度。

我觉得无法掌控自己了,我对自己无能为力。当我在反应过度的模式里烦躁不安时,父母问我,是不是把自己想象成了剧院舞台上的人了。我没有回答,但他们说得对。有些时候,我感觉自己在舞台上,一瞬的工夫,从莎士比亚到路易·德菲奈斯①,继而从令人肝肠寸断的悲剧到最热烈的浪漫爱情剧。偶尔有些难为情,但总是振奋人心。多少次责备自己,却无法和自己讲通道理!

我为我的情绪波动、怒气、眼泪与激动感到遗憾,责备自己不能"冷静",不能"理性",不能"心生禅意"。过度的反应,拖着我的情绪,像是身上拴着铁球。而且我处处都能领会到它:过度情绪化、过度感情用事、过度反应、极端化,包括日后工作中过度要求自己。

不过,我还是费了很大力气叫停反应过度,正如别人建议的那样——"保持距离"。把自己圈定在技能、事实、秩序以及冷淡的范围内,不越雷池一步,而这对我来说可谓一门陌生的语言。虽然最终入了门,但我很快又折了回来,重拾旧癖:用尽勇气,执意把一切放在心上,任由自己经受触动。"脱离"自我,好似一种"背叛"。

有时,反应过度对我大有裨益。20岁那年,我迷恋上文

---

① 路易·德菲奈斯(Louis de Funès,1914—1983),法国著名剧作家、导演、演员,代表作有《穿越巴黎》《虎口脱险》《吝啬鬼》等,是法国最受欢迎的喜剧大师之一。——译者注

学。我和一个朋友可以花一小时的时间讨论颠覆我们认知的伟大作家，他们当时都还在世：克洛德·西蒙、娜塔丽·萨洛特①……受一种我后来才得知的源于高敏感的驱使，我给这些大人物写了信。是我的真诚打动他们了吗？好几位作家同意接待我，继而有了我和他们的精彩交谈。

我知道这样的经历不合逻辑，但难道我只能从逻辑中受益吗？我也知道有些人很厉害，因为他们能从A点直奔Z点，毫无偏差。而我那发散式的思维一开始就不允许我这样做，刚到B点，我就感应到E点的强烈召唤，然后纵身一跃到M点，为了接着回到也许是H点的地方。上小学时，由于我的这种枝蔓横生的树状思维，父母曾被美术老师请去谈话。当时美术老师让我们画小船，所有其他小朋友都在勾勒最美的船儿，而我已经想到了别的事物。老师不理解，因为我添加了码头，然后又画了太阳，还有飞机、水手、鸟儿、鱼群等等涌现在我脑海中的一切。我一直有很多联想，而美术老师认为我无法专心完成他要求的作业。父母带我去看医生，医生一语中的："您儿子没有任何问题，他有很多东西要表达。为什么要约束他呢？"对这位医生也一样，我张开双臂，用力拥抱他。我的热情有时会吃闭门羹，而医生心领

---

① 克洛德·西蒙（Claude Simon, 1913—2005）与娜塔丽·萨洛特（Nathalie Sarraute, 1900—1999）均为法国"新小说派"的代表人物，该文学流派一反传统小说创作方式，不强调人物、情节、时间逻辑等要素，着重凸显个人主观感受。——译者注

神会地笑了。

直到今天，我依然能从这件往事中记得曾经的自己。因为我继续在以不同的方式思考，用我的直觉，用牵连情绪、映现认知的敏感，用我的一种能力进行思考——我能够被读到的一个词或是一段话震彻心扉；明明知道只该理性出场，却仍要心绪满怀。

长久以来，这都是一种负担，我对自己内心不为人知的东西感到不安。我预设不到自己会对一件看似无足轻重的事情做何反应，它或许能让我心神不宁，被席卷其中，使我心生怒火、激动不已。对睡袜的抗拒、课上糟糕的表现、漫溢的热情、面对不公正时的愤怒、诗歌带来的泪水、对完美的追求等等，我没有看出它们之间的关联。我是来自另一个星球的幽浮。

事实上，现在的我依然如此。侧重理智的左脑和支配情感的右脑似乎没有分离，一切都在大脑里发生。切分它们，就是斩断我的存在，让我成为无水之鱼。按重要程度给事情排序，或划分出哪些属于不牵涉情感的封闭领域，哪些位列不必动用理性的阵营，此类设想对我来说没有任何意义。对我来说，一切都意味着要投入整个身心，尽可能地毫无保留。有些人把这种情况称为高度情感性（hyper-affectivité），这正是我的正常状态。

在这种强度背后，有时随之而来的是痛苦与疲惫。但更多的时候，它带给我的是欢腾，让我有所改变，让我触碰发生在我身上的生活，尽兴地存在，成就一个更好的自己。后来我意识到，感觉、情感、认知上的过度反应可以是一种幸运，若加以善用，甚至会成为一种天赋，就像其他人发挥他们在音乐、厨艺或数学方面的天赋一样。

以上我的某些特征也许与你相似。你闷闷不乐——你想和大家一样，随大流！其实错了，因为你身怀天赋。我执意理解上天的这份礼物，慢慢学会用不同的策略帮助自己，而不是削弱反应过度，我们可以将过度转化为一种幸运。如果不懂得让天赋结果，不会利用天赋，或许是一种遗憾。

谨 记

在反应过度的状态里，高敏感者会被挤来挤去，因为有太多感动、太多思想、太多感觉、太多共情、太多生命的重量，它们有时触及可被人们承受的边缘。"过度"有千百种形态，因人而异，效力不一。在它面前，我们不一样。

其他人未必注意到的刺激，反应过度的人则如临大敌。

过度偶尔让人难以承受，却也常常令人欢

欣。因为打搅我们、让我们心旌摇曳的过度同样孕育着生气，这是鲜活生命里的幸福。

▌尝试与体验

　　列出让你反应过度的情况，比如对某些声音或光线的感觉？淹没你的情绪？过多的共情？
　　定义它们，这是第一步。
　　承认这些引发反应过度的情况之后，你就可以开始与它们和解，或者至少去适应它们。
　　如果羊毛衫始终不合你意，或者衬衫的领子让你觉得别扭，记下来，不要再去碰它们。很简单！

第二章

把高敏感转化为生命的礼物

意识到自己高度敏感，一切将有所改观。

在书里和在讲座上，我常拿自己举例。原因不难理解：为了解释，我需要引用具体的例证。我从自己的故事和生活环境里汲取素材，这样更方便。

几年前，我前往美国主持一场冥想研讨会。很显然，我沉浸其中无法自拔。晚餐时，同会的一位年轻的神经科学博士坐在我旁边，他很有趣，饭后我们继续聊着，直到深夜。

他直接问我，是否知道自己高度敏感。我大吃一惊，因为我从未有过这样的想法。这个单词和我的经历——或者说42年的人生经历，以及看似不相称却都表现出反应过度的现象没有任何关联。太多的思绪、感动、共情和敏感度，我过

第二章　把高敏感转化为生命的礼物

去从未看出它们和"高敏感"有关，而且我认为自己和高敏感者给人的刻板印象相去甚远。当时占主导的成见依然存在，即高敏感者都是一些脆弱的存在，而肩负家庭、事业重担的我，高度活跃，高度介入。我确实敏感，然而是高度敏感吗？当然不是！

我的怀疑让他淡然一笑。他说我的反应很正常，因为我们很多人都在忽视或在否认自己的高敏感，有些人甚至用冷漠压制它，刻意疏远它。所以，这些人做不到自洽。自我欺骗的后果是，未来某一天，他们的自我走向消解。

对这个主题，我一无所知。出于好奇，我继续听神经科学博士解释着。他对高敏感有兴趣，源于他所做的研究，这个研究是基于一种被他称为"过滤程序"的东西。"过滤程序"不难理解：我们从自身环境中源源不断地接收数百万的信息，有感官方面的、情感维度的、认知层面的等等；在我们意识到这些信息之前，能力卓越的大脑已经对它们过滤了一番，若没有这个程序，铺天盖地、持续不断的信息会大肆进攻，直至把我们吞没。这位博士确实是位领军人物——多年之后的研究表明，特殊的神经元和大脑区域，例如额叶区，的确参与了过滤进程，从而保护大脑免受信息过载带来的危害。

他继续谈到，每一个个体都是独特的，我们大脑中的过滤器效力不一。他把过滤器比作筛子，筛网因人而异，当然有些人编织得比较精细。

极为精密的筛网，过滤性能强大，偶尔过度发挥作用，会把很多内容、信息挡在外面。诚然，他们可以出奇地专注，因为分散注意力的因素没有干扰到他们。但另一方面，这些人对各类情况掌握不足，他们的生活大概是单调的。

在另一些被称为高敏感者的人那里，筛网稀稀疏疏，挑选信息没那么严格。于是，他们接收了大部分人难以察觉、从各路源头奔涌而来的信息，并做出其他人误以为有些过度的反应。高敏感者能够感受到更强烈的声音、气味、冷热以及身体最轻微的不适，他们知道各种情感信号，并能有力地予以回应——或热泪盈眶，或勃然大怒，或欢喜若狂，而对面的人未曾发现任何异常，也不理解他们的举动。信息洪流同样影响认知。信息、数据等方面的营养过剩，使得他们的智慧很独特，更偏向直觉，即不必搬用传统逻辑，他们也可以"掌握"情况，"获取"解决方案，同时并不总是知道自己是如何感知、理解它们的。

这位先生给我举了两个例子，我立即在里面看到了自己的影子。

第一个是在电梯里或打印机前碰到同事的故事，平淡无奇。即使交流很短暂、很正式，高敏感者也能凭直觉知道对方遇到了问题。一闪而过的想法不是出自认知，而是源于敏感——声音里的顿挫、眼神流露的悲伤、不寻常的躁动、在信息洪流中捕捉到的难以命名或定义的微小迹象，都在向高

第二章 把高敏感转化为生命的礼物

敏感者发问。在这种情形里，高敏感者总会感到疑惑，甚至觉得是自己神志出现问题。这是可以理解的。因为除了高敏感者，没有其他人注意到哪位同事的状态不好，人们第二天才得知某个同事的儿子患了重病，或是该同事接到了解聘书，而高敏感者一开始就"知道"，并为对方感到焦虑。他们不是有天眼，而是有洞察力。事情的紧张程度会让高敏感者坐立不安，甚至让他们一整天都觉得别扭。

第二种情况同样令人不安。我们都有和朋友一起过周末或度假的经历，集体活动的节奏自然要依大多数人的意见，人们通常会安排郊游、饶富节日气氛的聚餐或热闹非凡的晚会。而高敏感者无法长时间参与这些，对他（或是她）①来说，太快的节奏让人受不了。他会放弃一次散步，以便留在房间里看书，早一点休息。脱离群体的他，给人留下乏味、不参与以及回避他人的印象。其实，他在意这些朋友。他有时会发火，甚至是大发雷霆，朋友们认为他很任性，指责他的态度，他也会责怪自己没有表现出友好的一面，但更重要的是，他很在乎这些朋友。他试图用童年的创伤云云为自己开脱，而事实并非如此，因为在这种情况下，高敏感者只是被强烈的信息流淹没了，他被自己察觉到的所有迹象夹击；

---

① 作者在用人称代词替换"高敏感者"时，有时使用"他（或是她）"，有时则用"他（她）"，更多的情况是直接用"他"。在不含感情色彩的语境中，中译本将采取第三种方式，统一选用泛指代词"他"指代"高敏感者"。类似情况均做此处理。——译者注

其他人则不同，其他人知道分拣信息并不予理会。高敏感者在反应过度中身心俱疲，为恢复精力，他需要缩小对世界的体验范围，收缩产生敏感和情绪的范围。这正是他的存在方式。

年轻博士的一席话像是撕掉了一层面纱，揭开了我的真实。不，我过去没有疯，没有表现怪异，没有不正常。另外，和我长期以来的猜想相反，面对不协调却相互关联的现象，我不是唯一一个穿行在疑虑和奇特时光中的人——闪现的事物让我感到不适；我偶尔反应过度；我需要孤独；我感觉在人潮中迷失了自己；我以为自己是异类……诸如此类的情况顿时都有了意义。

那一夜，我没有合眼。从童年开始，由于我的那些行为方式，别人的所有评价以及我对自己的看法统统涌入了脑海——不合群、呆头呆脑、偏执。我不曾放过自己，别人也一样，没有对我有过丝毫宽容。这些标签曾是那么的沉重，它们让我的心情变得灰暗，有时夺去我的自信。旧时光渐渐铺展，一股深深的解脱感浸润全身。黎明之际，我欣喜万分，因为过去无法拼凑成形的现象终于有了轮廓。不，我不是一个迷失在格式化世界里的幽浮，我只是感受得太多。宣布自己高敏感，对我来说像是拆开了一件美妙的礼物。接下来，就应该接受这份独特性了。

同往日一样，那一天过去了。我的敏感依旧强烈，而且肚子不舒服——现在，我知道那是高敏感留下的创伤。唯一有变化且至关重要的一件事是，我终于可以用一个词解释发生在自己身上的一切了。这是值得称贺的。

几个星期之后，我和一位音乐教授朋友聊到"绝对音感"。拥有这种能力的人，可以把听到的任何声音（即使是电钻声）和音符联系起来，并自然而然地为它"命名"，然后存储到自己的记忆中。这样的天赋在我看来可遇而不可求。朋友纠正道：其实很多人都有"绝对音感"，但如果对它不够了解，则会深受其扰。反之，他们要是在这方面下功夫的话，倒是很有优势成为大音乐家。他对我说，如果人们做些努力，那么，"绝对音感"就会从不幸转化为恩典。

一个疯狂的想法让我怦然心动：高敏感是否也是同样的情况呢？谁说它是一场噩梦，而不是一张王牌呢？

于是，我要做的事不只是寻找，而是真正开展调研：会见专业人士、高敏感者、教育学家和教师；查阅研究资料；重读哲学家和作家们的著作；请求科学家答疑解惑；等等。我发现，高敏感者曾被冠以其他名字；高敏感的现象根植于人类历史，由它引发的谜团曾萦绕西方思想界长达千年之久。

越深入，越有走出迷宫的感觉，我终于呼吸到自由的空气。我知道我为什么常常对自己的效率、才华、志向持否定态度了。原来一直以来，我大脑中的地图是错误的，它没有为我描摹生活的另一番景象。我需要用合适的GPS重新导航。

于是，我做了这件事，它有时颇为艰难，而且需要一定的纪律。但我学会了在感受和基于感受应有的举动之间做区分；我那过度发达的"触角"和几乎不起作用的"过滤器"之间有了平衡。幸运的是，我依然是一名高敏感者，有着荣格所说的"能极大地丰富我们的人格特点"。其实，一旦我们能够与它和解，它自然会发挥作用。

当你翻阅这本书时，我理解你的困惑。往往是你的天赋拉开了你和社会的距离。父母、老师、同事、爱人、孩子……没有谁会理解发生在你身上的事，你总是责怪自己，有时憎恨自己，你希望和敏感再无牵扯。

有时候，你觉得自己可以做到这一点。你否认高敏感，甚至不承认存在这样一个词语。在一个要求你把自己格式化的世界里，高敏感是贬义的、污名化的。

在做研究之前，我自己也产生过怀疑，这项研究有时令我困惑，不过总能带来惊喜。我会和你分享这个过程。我知道高敏感让人欢喜让人忧的各个方面，我也意识到，带着高敏感去生活，是一份高强度工作，且为期一生。如果对自己的高敏感冷眼旁观，后果将是灾难性的。请把高敏感转化为生命的礼物吧！

第二章 把高敏感转化为生命的礼物

谨 记

高敏感者为数众多，但他们对此讳莫如深。人们对"高敏感"一词充满偏见，误认为它和脆弱有关。

认识到自己高度敏感，是你对自身进行探究而得出的结果。探究的出发点：在一片纷繁芜杂中，建立事物之间的联系。我们的生活恰恰是由这些时而怪诞，时而让人为难、让人狂喜的事情织就的。

高敏感既复杂精妙，又令人费解，它有各种各样的形式。或许，一千个高敏感者就有一千种高敏感的形式吧。

承认自己高度敏感，如同接收一份美丽的礼物，它会改变你的人生。一切顿然有了意义，一切不再那么艰辛、痛苦。

尝试与体验

借助高敏感的棱镜,独立地透视你的人生。

它是否映出了某些你难以理解、无法从中找出共性的现象?

这样的审视,看似简单,却可以让人获得解放:突然间,你终于知道自己是谁。你可以踏上接下来的旅程了。

第三章

向自己发问——我是谁

面对越来越多高敏感的表征,我们如何重新找到道路。

　　从上幼儿园起,我就表现得不合群。那时我便知道,敏感的人,只要不被理解,就很难和别人打成一片。但我既不知道怎样解释,也没有找到理解高敏感的关键,后来,对它的理解拯救了我。

　　我时常对别人的游戏规则感到陌生,我有自己的规则。无论是在中学、大学还是在职场,任何地方的公共生活都是基于一整套的强制措施、处事规范和行为准则,但这些不完全符合我的现实。其他人适应规则毫不费力,而我必须克制,为了避免反应过度,为了佯装乐在其中,为了解决所谓的符合逻辑的问题——其实一头雾水,为了顺从,为了在厌倦中保持沉默,为了中规中矩,为了不那么理想主义、不那么苛刻……

我的生活建立在这些分裂上,很长一段时间,我都对此深感内疚,尤其在它们泛滥成灾时,我的负罪感更加沉重,我几乎失去理智。

我过去始终觉得我与周遭的环境格格不入。我有属于自己的、不讨别人喜欢的小天地。我不爱大型聚会。记得有一次,别人邀请我参加婚宴,我犹豫了片刻,随后听从自己的心声——新郎新娘是我的朋友,我不想让他们失望。当我和8位陌生人同坐一席时,我便知道,这一刻大概很难熬。她们一开始并不令我讨厌,然而几分钟的时间,那平庸见底的东拉西扯、毫不矜持地咧嘴大笑,把我带回到了童年的噩梦里:尽管我的意愿是好的,可我再怎么努力,都无法和操场上的小伙伴们抱成一团。我感到身体不适,加上气氛被我破坏引发的自责,我的不适感更加强烈。新郎新娘发现我不自在,帮我调换了坐席位置。不过,我还是匆匆离开了。我没有任何批评筹办方的意思,也没有指责任何人,只是我不属于那里。我对自己感到失望,对自己没能成为一位好的客人而难过。

我过去总是很快就感到厌倦。关于这种沉重的、令人不安的感觉,罗兰·巴特[①]曾恰当地描述过,我多次读过这段

[①] 罗兰·巴特(Roland Barthes,1915—1980),20世纪法国最负盛名的哲学家、文论家之一,思想著述颇丰,是符号学、结构主义、后结构主义的代表性人物。他曾为后文第十章中提及的历史学家儒勒·米什莱著书立传,即《米什莱》。——译者注

文字，所以很早就了然于心："在我还是孩童的时候，我常常感到厌倦，而且程度颇深。显而易见的是，它很早就开始了。由于工作和朋友的关系，这种感觉日渐减退，却也断断续续持续了一生。它总会冒出来。这是一种让我感到恐慌的厌倦，甚至到痛苦的地步，正如我在研讨会、报告会以及集体娱乐活动中所经历的。令人厌倦的事处处可见。"年龄更小的时候，我会因为厌倦和别人在一块而伤心。确实没什么好做的——总是待在家里更舒心。

人们有时把我叫作"恨世者"。我在莫里哀的作品中读到，"恨世者"解释自己为什么远离他人——"一些人作恶，另一些人诏恶"，这个时候，我的确在他身上看到了自己的影子。他是恨世者，因为他憎恶人类的社会性虚伪、怯懦、轻而易举叛离真理。和高敏感者一样，他忍受不了谎言。别人是否说谎，他能判断出来，并因此更加憎恶他们，因为这些说谎者衬托出了他的与众不同和细腻敏感。

这是发生在我身上的事，我可以继续讲下去。别人给我打针，我差点晕过去，我知道这很荒谬，但有什么办法呢。我一直觉得冷，所以常备羊毛软帽，包括夏日出行，列车空调温度太低时，我需要戴上帽子；那些心不在焉做事的人，即使是大咖，我也不知道如何与他们一起工作；有些香氛会把我吓跑；我也受不了刺耳的声音。

如果你并不认为上述情况与你的完全相符，这也很正常，因为你的经历独一无二，我的也是。高敏感不像重度支气管炎，后者有明确的症候，而且还可以和花粉症区分开，高敏感没有正式的迹象。当然，强化的感官体验是高敏感的组成部分，但是，我们谈论的是哪种体验呢？味觉？触觉？听觉？而且是哪一种方式呢？我总会觉得冷，或许你总会感觉热；你觉得耳边嗡嗡作响，而我则不会；你受不了雨水淌过脸颊（这和任性与否无关），我呢，雨水不会给我造成困扰。你或许已经把所有的感觉隔离了起来，甚至将自己机械化，但在内心深处，你知道这行不通。也许，你才是我们中间最具高敏感的人。

怎样知道自己高敏感呢？杂志、网络、社交平台提供各式各样的趣味测试或"心理"测试，对此，专业人士是持怀疑态度的。他们不无道理地相信，暂时不存在对高敏感的科学判定，也就是说，我们并不清楚高敏感真正是什么。在这种情况下，我们测试什么呢？

诚然，每个人都有非常独特的表现高敏感的方式，我们很难用严格的标准"衡量"这种现象。不过，这些趣味测试也有一个优点——即使是以游戏的方式展开，它们也能为测试者提供小小的内省机会（问题尽管普通，却也需要时间作答）。我们的感受、经历以及各类不相称的内容，乍一看不存在任何关联，而这些测试能够将它们衔接为一个整体，使其成为通向理解的可能性的入口，理解发生在我们身上的、让我们陷入慌乱的一切。

我或许还是要指责这些测试，包括所有心理测试和智商测试，因为它们存在将测试者囿于某一框架的风险。我们透过滤光片反观自身时，形态不免走样，因为滤光片以某种方式切割了现实。

我接下来建议你要做的测试不比其他测试更科学。不妨把每一个问题转化成认识自己的机会，更为详尽地向自己发问——我是谁。尽兴去发现吧，试着鉴别你不曾知道的其他方面，但绝不要在测试中固化自己，能固化我们的只有生活，而生活本身即流动。

谨　记

测试并非科学工具。高敏感仍然是一种我们难以在思想范畴中找到定义的现象。

不过，测试提供的一些参照可以为我们所用。基于这些参考点，在高敏感的大量表征中，我们可以勾勒出一幅整体图景。

测试是一种娱乐性的探险。警惕把自己框定在测试结果里。

尝试与体验

5个问题，认识自己：

1. 你会被批评、指责、冲突轻易伤害到吗？如果是这样，你试图回避它们吗？

2. 亲人、同事们的情感状态对你有影响吗？你甚至认为自己是一块海绵，或者你认为自己的生活没有"过滤器"？

3. 是否会有一些气味、光线、声音、感受尤其让你觉得不舒服？客观来讲，它们并不会令人不安——别人不觉得它们有什么不妥。

4. 对于你的大部分工作，你会全心投入吗？

5. 你是否觉得你的思绪有时四处横冲直撞，有一些念头、想法在心间推推搡搡，以至于让你心力交瘁？

第四章

幸运的路克：在真实的感受中汲取力量

我们发现，在一位西部牛仔那里，高敏感是一张珍贵的王牌。

我是漫画爱好者，在我收集的各路英豪中，有一位别具一格：幸运儿路克①。行侠仗义的牛仔，出枪速度快过自己的影子，在那片只有丛林法则统治的老西部，追捕悍匪，游刃有余。我一口气读完他的冒险故事，惊觉自己竟成了一个"硬汉"的粉丝。

在我意识到自己是高敏感者之后，重新翻阅其中一本画册时，我感到内心一震。因为有无数个细节扑面而来，它们

---

① 路克，出自《幸运的路克》（*Lucky Luke*，又译《幸运的卢克》），是由著名漫画家莫里斯（Morris）、戈西尼（Goscinny）等人合作完成的系列漫画。故事以美国西部为背景，讲述了主人公路克浪迹他乡，一路锄强扶弱的冒险经历。——译者注

揭示了牛仔不为人知的一面——幸运儿路克正是一位典型的高敏感者。我过去肯定无意识地认识到了这一点，而且，或许是借着对他的仰慕之情，我也曾试图在社会法则中来去自由。在某种意义上，社会法则并不比老西部的丛林法则更加柔情。

路克需要独行，我理解这种想法，我能感受到路克内心那股深重的孤独感。一路历险，幸运儿路克当然交到了几个朋友，但我们从来不见他在朋友那儿消磨时光，即使在酒馆，路克也是待在一角，因为他受不了叽叽喳喳、虚伪或肤浅，他不参与社会约定俗成的游戏。他需要用孤独抵御这一切，以换取时间整理自己的心思，个中滋味，自己统统咽下。每一本画册均以同样的场景收尾：夕阳西下，有犬马做伴（阮坦兰与卓力·詹泼①），他轻吹口哨——"我是牛仔/孤独可怜/家在天边"。这是典型的高敏感者的表达。

这位舍命除暴安良的好汉知道自己与众不同，他并不为此悲伤，相反的是，他把自己看作群鸭中的天鹅，不愿舍弃这份独特性。同时，他并不是腼腆的、不与人来往的蓝精灵。走出孤独时，他能对自己掌握的社会规则运用自如——我们甚至在某些画册中看到，佩戴治安官勋章的路克，可以与美国政府交涉，调解游牧人之间的冲突，甚至去酒铺消

---

① 阮坦兰（Rantanplan）和卓力·詹泼（Jolly Jumper）分别是狗和马的名字。——译者注

遭。这位极慷慨的利他主义者，也有风趣的一面。

他眼睛半阖，看似从容自若，内心深处却在沸腾。他的身影活跃在各个前线。路克是大写的行者，不屈身侍奉任何等级，不受任何成规束缚，他唯一在乎的，是自己的独立性。用今天的话说，这是一名自由职业者。他并不会对外界的事无动于衷，远远不会！不公、谎言让他义愤填膺，起身反抗。当要保护弱者、匡扶正义时，他英勇无比，毫不妥协，而且脾气暴躁（怒火夺眶而出）。路克心肠不坏，和老西部的风气相反，这位敏感者不喜欢血腥，很少杀人，他往往只是让盗匪卸下武装，然后将其送交治安官。

更重要的是一点是，剧烈的、被承受下来的高敏感，在幸运儿路克那里，变成了一张不可思议的王牌，这张王牌可以让他在最危险的任务中逢凶化吉。得益于发展出的"触角"和敏锐的感官，他窥伺着别人耳听不到、目视不及的最微弱的信号。正因为有这个长处，他才获得"幸运儿"的称号。他知道如何摆脱所有的麻烦，并能将高敏感转化为力量，使自己立于不败之地。

同时，这位孤独的牛仔让人心生怜爱。大自然是他的避难所，是他重整旗鼓的地方，在他身边只有马儿和爱犬——两个真正的朋友。他贪恋开阔的地方，渴望在马背上一览广袤的西部荒原；路克最喜欢的事，不过是孤身躺下，以星空为被。他很特别，独树一帜，不同于他人。林林总总的事情都在他的感觉范围内。

路克完完全全地接受了自己,带着他的铠甲与软肋,和生活达成一致,并轻盈地穿行其中。如果拒不接受自己易碎的一面,而要把它埋藏起来——正如高敏感者经常做的那样,那么,路克也许就不是"幸运的路克"了。他可能一事无成,并会屈膝背负高敏感带来的罪恶感……

这位牛仔不是特例。我是导演约翰·福特[①]的影迷,最精彩的美国西部片,即今日的经典大作,要归于这位导演名下。他镜头下的英雄人物,是幸运的路克们!孤独、敏感、疑心重重、矛盾,这些品质把角色塑造成了真正的英雄,他们一身正气,硬朗不失温情,宽厚中带有激昂。他们细听着只有他们自己能捕捉到的信号,同时他们也深信,人不是万能的,索性活得潇洒一些。在其他牛仔以冷血为训的情况下,这些英雄能够暴露自己脆弱的一面,不耻于说出"我害怕"。不可否认的是,约翰·福特的才华在于,把真正的高敏感搬上了荧幕。

在我看来,幸运儿路克能无限地启发我们。在一处开放空间、在职场或是在你没有勇气推掉的晚会上,你经历着不愉快,这些地方、这些人让你更加确信世上没有你的立身之处——因为所有人看起来都是正常的,唯独你不是。你感到

[①] 约翰·福特(John Ford,1894—1973),美国著名的电影导演之一,以表现开拓精神见长,先后4次获得奥斯卡最佳导演奖,并获总统自由勋章。《侠骨柔情》《驿马车》《要塞风云》等众多脍炙人口的经典西部影片皆出自该导演。——译者注

第四章　幸运的路克：在真实的感受中汲取力量

自己身陷罗网，任由无以名之的感觉、情绪吞噬，你在这种境况里看不到其他可能性。你尝试做不真实的自己，结果作茧自缚，透不过气。你责怪自己。

不要着急，带着你的高敏感，看一看镜子里的自己；卸下负罪感，从你的感受中汲取力量。当你懂得和令你气恼的社会游戏打交道，并同时知道自我防御、自我保护时，不愉快的经历就会被稀释。你会变得精神十足，因为你是真实的。有朝一日，你、我或许都能触及幸运儿路克的那份轻盈，我相信，它并不单纯是漫画里的幻影。

谨　记

高敏感以一种尤为深刻的人道主义形之于外。高敏感，是接受生命中诸多矛盾的最好方式。

英雄主义不在于窒息高敏感，而是充分接受它。高敏感者通过伸展自己的"触角"，触及了更多的现实。

正是利用高敏感带来的各种优势，主人公才能东山再起。

▌尝试与体验

做一个像幸运儿路克那样的人吧!

在任何情况下,无论是要解决纠纷,还是要了结一个复杂的案件,不要急于求成,而要依赖你的高敏感。

伸展你的"触角",慢慢找出事态得以酿成的各种信号,在采取行动之前,先感受一下情况。

过去你觉得不可解的问题,现在有了答案。你知道如何获取它。

第五章

接纳并喜爱自己本来的样子

对自己的高敏感说"是",不是一个孤立的行为,因为它为整个人生指明了道路。

我们不能医治高敏感,如同不能医治同性恋一样,因为这无关疾病,也谈不上不正常或缺陷。相反,我们可以与高敏感和平相处,探索其中的益处,甚至还会有进一步开发的想法。因为当我们懂得用智慧的眼光看待它时,高敏感就是一种幸运。

我解释一下。一只企鹅在沙漠里不会感到幸福——无论怎样,它都成不了单峰骆驼。同样的道理,高敏感者、个头太过高大或矮小的人、秃顶的人,他们可以尝试化妆、掩饰、欺骗,但改变不了实质。企鹅仍是企鹅。这是一个好消息,因为企鹅有一定的优势,它能够让生命大放光彩,并且过得幸福……只要接受自己是只企鹅。这个规则适用于我们每一个人，毕竟幸运的我们都有企鹅的一面，即我们和企鹅一样独特。

然而，无论我们在哪方面与众不同，我们的独特性都不讨喜，更何况还和高敏感有关。我们有一种奇怪的错觉——如果这个规范化的世界要清理门户，或许只会将我们扫地出门。独特性让我们不胜其扰，我们甚至更愿意摆脱它，绕开它，假装它不存在。但这种解决方式不仅是糟糕的，而且还很危险。放弃深刻的本性，意味着我们在应对世界时解除了武装，并要冒着身心不适的风险侥幸活命，而这种不适感，或早或晚会引发抑郁、倦怠。

另一种解决方式：接纳。接纳自己，欣赏自己，喜爱自己本来的样子。这个过程并不漫长，也没有那么辛苦，而且，结局总归是美好的。因为对决定接纳高敏感的人来说，高敏感是幸运的，它是我们与众不同的一面。

接纳的第一步在于理解高敏感的独特之处，并由此进行探索。我是怎样的我？通过向亲友、同事提出关于自己的问题，我开始踏上接受这条路。在他们眼里，我是一个怎样的人？我做好心理准备听和自己有关的轶事，听他们如何有血有肉地讲述我的经历，当然，不是所有被重提的往事都悦耳动听。有些回答确实让我恼火，比如，母亲觉得我是一个任性的孩子；一位女性朋友聊起那些我过于认真的场景；一位同事对我反应过度的倾向表示震惊。不过，令我意外的是，

第五章 接纳并喜爱自己本来的样子

大部分陈述是积极正面的。

如果别人谈论我笨拙、害羞、优柔寡断（我称它为无效率）的一面，以及偶尔近乎野蛮的孤独倾向等等，内心深处，我都做好了准备。然而，出人意料的是，别人口中的那个人竟是可爱的。当大家心照不宣排斥一位女同事时，他是唯一一个打破规则，公开和她说话的人；朋友在哀悼亲人时，他是陪在左右并能以恰当的方式给予安慰的人；他没有讲搞笑段子的天分，却可以用诗歌缓和沉重的气氛；他有共情能力，和插科打诨的伙伴相比，他更招人喜欢、更不可或缺；他耐心倾听，懂得爱，懂得帮助，也知道抵抗和自我保护；他会发明，会创造。

我看着镜子里的自己，这是我吗？我对这一只高敏感的"企鹅"，顿时满怀柔情，他的缺点不是我原认为的那样，他的优点也是我之前从未想象到的。惊讶里透着喜悦，原来，我过去给自己下的诊断书一直是负面的，错误的认知犹如套在身上的枷锁。生平第一次，我卸下负罪感，接受原原本本的自己。

接下来的探索以循序渐进的方式完成。听着这些故事，我不再妄自菲薄。一直以来，由这些症候、现象、与他人格格不入的经历所引发的不适感终于说得通了，我更加接受自己。有一个词语可以定义过去的我——高敏感，即过度敏感。

随着更进一步地接纳自己，我的生活有了新转向。比如在一次晨会上，我发现自己不再把同事们看成榜样，不再尝试亦步亦趋。开会让我如坐针毡，我不觉得一定要拿笑料开场，我甚至有勇气对其中两位同事说，这会开得让我肚子疼。寥寥数语，我竟如释重负。尤其是两位同事也都和我聊起他们的恐慌，这一刻我更长吁一口气。这种情绪虽然没有外露，但我知道，会议室里的企鹅不止我一个。

接受高敏感之后，就可以开始下一步了，也是最有趣的部分——探究自己的使用说明。

过去，一想到要花时间和新朋友磨合、适应新环境，我就立马宣称自己有社交恐惧症。有些朋友可以在不认识任何人的情况下，照常参加派对或鸡尾酒会，而且能够成为众人瞩目的焦点。我呢，可能要犹豫一阵，即便去参加，也是退居幕后，做一个观察者。这并不是因为我傲慢，或是胆怯、害羞，而是我对所有事物的感受都太过强烈，我无法做到走马观花。

如今我知道，在我的使用说明书上没有"避开晚会或酒会"的注意事项，它只是让我做好准备，仅此而已。比如，约一两个可以真正交流的朋友，和他们一起去结识新伙伴，并接受社交游戏的组成部分——"走马观花"的环节（我甚至开始摸索它有趣的一面）。

日复一日，各种情况纷至沓来。以前，高敏感者拒绝接纳自己，他几乎不理解世界的编码。如今，他为自己打造了一个GPS，借此航行在一个曾经进不去的世界；他知道自己的局限和潜能，并为自己找了一块根据地；当不得已跳水时，他没有被恐惧麻痹，而是探索了一番，把它当作游戏；他投身于体验，而不是否定它；新的道路正在向他铺展开，他得以更好地认识自己，接受自己；他知道自己是只企鹅，但同时也是人类，这只快乐的企鹅有能力在撒哈拉沙漠生存……在某些有利的、并不怪诞的环境中生存。他在探索属于自己的成功的可能性。

从那以后，我确信，接受是高敏感者唯一的自我救赎之路。接受，源于内心的努力，近乎赤裸的要求也许让人退缩，但胜利会来得浩浩荡荡。

我为那些有意无意否认自己是高敏感者的人感到担忧。他们对自己的情感、同情心以及在他们看来太具威胁性的内心隐秘通通贴上了封条，于是成为人设、外在形象的囚徒。铁石心肠的背后，是不想被揭开的恐惧。他们害怕摘下面具暴露自己脆弱的一面，而事实上，脆弱性早已内化于人类的生存处境。他们不知道，高敏感其实并没有削弱理性，反而会用它那非凡的资源补充理性思维。那些蒙蔽自我的人，他们若没有真正清醒，旁人做思想工作犹如竹篮打水。

谨 记

高敏感是一份礼物。只接受它还不够，你必须懂得把它融于你的生活。

接受，不是放弃，也不是简单地认同某件事。接受之路遥遥漫漫，它是对日常生活的探索，是你每天、每时、每刻脱口而出的"oui"（是的）。

这项工作不取决于智力，也不仅仅在于"理解"。接受，意味着深刻、严谨地迎接。

尝试与体验

当你感觉自己很奇怪、不合规矩时，当你感到不适应、无所适从时，当你经历不愉快时，这些对你来说都是接受高敏感表征的时机。

承认它的存在，告诉它，一切都好。

然后，翻掉让你不舒服的一页，继续前行。

第六章

虚假自我让你迷失了方向

你的保护壳并不提供保护,相反,它是一种障碍。

在高敏感者那里,最大的危险之一,不在于他们高敏感,而在于他们拒绝承认这一点。对此,我再怎么强调也不为过。

在我们设置的一系列防御机制中,其中一个尤其令人生畏。一方面,是因为它在无意识中形成;另一方面,个体在早期阶段的确可以从中获益——他能够得到人为的保护。

这便是虚假自我的机制,一个随环境渐渐成形的保护壳:在操场上,让你免受小伙伴嘀咕的伤害;青春期,让你不被边缘化;再往后,帮助你在社会上找到自己的位置,同时不冒受伤的风险。好在有这样一副外壳,你希望拿它迎合他人的期待,即便他人的目光只是出自你的想象。然而,若干年后，你成了外壳本身。你一手打造的虚假自我让你迷失了方向。当然，你还紧拽着这副面孔，企望保护壳可以继续守卫你。时光流转，它会产生裂痕，也会骤然支离破碎。

这正是发生在我姑姑身上的事。过去几年，她一直让我内心犯怵。姑姑一点也不坏，不过在她身着正装时，会显得极为严格。无论工作还是生活，一切井井有条，不允许出现任何欠妥之处。事业有成，家人引以为傲。姑姑已经习惯做铁腕领导，习惯管控最为细枝末节的事，习惯满足亲人、团队、朋友对她的所有期待，至少她认为如此。她对这个世界过于适应，这无疑让我感到惶恐。

在姑姑52岁时，一切轰然坍塌。某天早上，她没有起床。一开始，我们以为她太累了，接着又觉得是失落所致，因为她的孩子搬出去独立了。其实，她当时备受倦怠（burn-out）之苦，几个月后才恢复过来。

继那次事件之后，又有一年多的时间，我再次见到姑姑。她重新回到工作岗位，不同的是，她有时间给我打电话了。她知道我一直讲授冥想课程，于是希望寻求一些建议。这通电话出乎我的意料，她的声音变了，言词也令我诧异。姑姑请吃饭，我说可以……心里却非常害怕。

她比我先到餐厅，我走向餐桌时，迟疑了片刻，因为很难认出是她。姑姑变了个人似的，看起来没那么严格、刻板，更神采奕奕，更有生气了。

这顿午饭吃了很长时间……直到晚餐。她一直很投入，全身心地投入，而且越来越友善。她哭着，笑着，我也一样，眼泪交织着欢笑。那一天，我看到的是一位焕然一新的女性。或者更确切地说，是一名真正的女性，在此之前，没有人发现这一点，包括她自己。我们一落座，她就向我倾诉，"我过去那么迁就别人，而在我内心深处，我甚至不知道自己是谁。我生活在自己的生活旁边，永远不能成全真实的我"。

在我姑姑成长的年代，女性为了生存需要比今天的女性付出得更多，这样才能证明自己有能力。而立之年，她创办自己的公司，并将公司发展壮大，与此同时，她还想做一位模范母亲、模范妻子。她渴望变得完美，始终基于别人的期待努力塑造自己。糟糕的是，她以这样的方式打造了自己的世界，以至于各个角落都在呼唤她。在姑姑眼里，世界是一头贪得无厌的猛兽。

事实上，她没有塑造自己，而是量体裁衣给自己制造了一副外壳。在防护盔甲后面，是一个被遗忘的真实自我。她曾认为，如果展现真实个性，表露自己真实的欲望、焦虑、偶尔的恐惧、敏感，一言蔽之，如果显现人性的一面，那是很冒险的。有了铠甲，无懈可击。然而，这副装备的分量越来越沉重，压得她难以喘息。曾作为防御机制的虚假自我，最后反客为主，击败了她。

我们都有虚假的一面，因为社会生活要求我们必须如此。我在工作会议上要自己适应规则，但是听音乐会时，我会在音乐声中"随波逐流",两种情形中的我是不一样的。

英国儿童专家、精神分析学家唐纳德·温尼科特提出虚假自我的概念,并将其描述为具有双重功能的礼仪型人格[①](personnalité d'apparat)。一方面,若有"危险"情况,虚假自我会隐藏起真实自我,保护后者不受伤害;另一方面,虚假自我赋予我们一定的适应能力,以便应对环境的限制。在工作会议上,我不会本能地把所有感受都表达出来,比如,无聊,否则会被别人看成没有适应能力的傻帽。所以,我要演好自己的角色,就像古希腊的戏剧演员,他们需要戴上面具,并以这种方式告知观众,他们在表演期间所饰演的人物。

温尼科特告诉我们,问题不在于真实自我的旁边有虚假自我,而是两者之间的关系。当其中一个的影响力更强、太强时,另一个就会被抹除,从而诱发一种病理状态。真实自我不会消失,但会被隐匿起来,甚至不无后果地被压抑。于是,主体遭遇身份危机,在极大的痛苦中走向精神错乱。

这种情况首当其冲的是,那些既没有认识自己,也不接受自己的高敏感者。在他们看来,他们的真实自我似乎是怪异的、适应性差的,并且一触即碎,不招人喜欢。他们对自

---

① 暂未出现与该名词相关的概念或专业解释。20世纪法国著名人类学家、作家米歇尔·莱里斯(Michel Leiris)曾在《没有荣耀的人》(Homme sans honneur: 42)一书中提到,"人们似乎是带着礼仪型人格生活,而且感觉它比真实的人格更逼真"。——译者注

第六章　虚假自我让你迷失了方向

己没有信心，对他们所在的环境也不抱希望。由于害怕碰钉子，他们的真实自我在保护壳里隐姓埋名，沦为遗忘中的遗忘，绝不会暴露在光天化日之下。他们放弃原本会被爱的可能性，到头来，他们不再知道自己是谁。

可是，只有真实自我才具备创生的力量。当真实自我处于窒息状态时，个人余下的选择就是顺从、效仿、屈从于他者的期待、放弃自我舒展（舒展自己是高敏感的标志），并在极其狭小、晦暗的模具里打转。他不再独特，最轻微的独特之处也会被一个不合适的、强加给他的角色所消泯。他不再拥有任何自发的、天然的东西，也没有任何欲望来唤醒生活。身披甲胄，犹似一名古希腊的演员，帷幕落下，收好所饰角色的面具，但或许直至生命尽头，他都在那场戏里。若干年之后，这个人甚至不清楚自己的人性尚存何处。

姑姑没有起床的那天早晨，她在哭泣。虚假自我耻于流泪，绝不会哭泣。疲惫不堪的她不理解，为什么哭泣会让她如释重负。姑姑在泪水里度过了好几个日夜。她对我说，她那时觉得自己正走向消散，她的虚假自我在消散。然后，她试着去理解这种不适感，不知不觉中，她开始走入自己的内心花园。而她看到的，只有花园里的一堵围墙。

蜷缩在床里的她意识到自己是循规蹈矩的，意识到自己害怕被拒绝、被抛下、被误解，意识到自己迫切需要被爱，种种这些致使她总要"做得过于好"，并因此克制自己。随着探索的深入，当她发现了那个她严禁自己见到的身影，一时泪如雨下，姑姑经历着修复性的地动山摇。她的真实自我曾在一片沉寂晦暗中走向瓦解。但除了重见天日，脱离这片芜杂，真实自我别无他求。

午饭期间，我第一次见姑姑在我面前哭泣。当着我们邻桌所有人的面，姑姑泪流不止。她知道，她过去一直生活在恐慌中——害怕别人发现自己真实的一面，那里有她的情绪和感受，有她的欲望与需求，有她的脆弱和力量，有她的最爱和偶尔的厌倦。她向我敞开心扉，含泪微笑着说："我是正常人，不同寻常的正常人。"

放下掩饰……她的世界没有坍塌。现在，我姑姑是一位优雅大方、灵活自如、适应能力强的女性。她知道社会规则，也遵守规则。这不妨碍她去感受，去体会。正如她常说的，她不再否定自己，不再觉得自己与生活隔岸相望。

带着焕然一新、失而复得的胆识和创造力，姑姑把公司做得更大了。她难以相信自己曾经建立的亲子关系，于是一直承受完美主义重压的小孩，从此以后，也终于有"真正的"妈妈了。

我姑姑的情况绝非特例。大部分被虚假自我劫持的人会发展出斯德哥尔摩综合征（Syndrome de Stockholm），也就是说，他们非常害怕失去劫持他们的人，害怕自己迷路，担心不知道如何行动、如何反应、如何做决定，惧怕不被接受——因为被拒的感觉很糟糕。在这种情况下，说"该说的"话，做"该做的"事，扮演某个角色，似乎更显随和，

第六章　虚假自我让你迷失了方向

哪怕不是发自内心，哪怕是错的。这些人也害怕受触动，于是摆出一副怒气冲冲、盛气凌人的样子——虚假自我的特征，责骂孩子，而不是告诉孩子，比如他迟迟不到家会让我们担惊受怕，我们爱他，我们是那么的害怕失去他。

上述逻辑是一种危险的错觉。你不会因为你是你自己而崩溃，相反，当你走出恐惧，你会与一种力量不期而遇，即你的自信力。当你卸下沉重的、锈迹斑斑的，且让你动弹不得、无法前进的旧铠甲时，舞蹈、奔跑、游泳的喜悦便会涌现在你面前。

做自己吧，这是一场无与伦比的奇遇……

谨　记

虚假自我是一种心理机制，是我们打造出来用以保护自己的外壳。

一开始，它确实可以起保护的作用。然而，它既是虚幻的，也是令人沉重的。

我们深信，如果丢掉虚假自我，我们就会陷入危险。其实，虚假自我就是危险本身，因为随着时间的推移，这副甲胄会染上锈迹，变得沉重，阻碍我们移动、前行。

在虚假自我爆裂之前，我们有必要摆脱它，这是对自己表示信任的行为。感到害怕是正常的。不过，生命的魅力在于，卸下铠甲的你在现实世界里迈出了更潇洒的步伐。

尝试与体验

坐下片刻，慢慢体会迷失感、触动感，感受自己脆弱的一面。

你以为感受这些，会让你受不了。

但你将发现，不再回避它们，反倒是一种解脱。

你也发现，有一条路可以带你走出假象。

冒着更加迷失自己的风险，你竭力想要避开这条路。

往前迈一小步，意识到这一点已经是前进道路上的一大步了。

第七章

被活生生去皮的人：有幸走出他的保护罩

高敏感者的性情是激奋的、有威力的、开放的、热烈的，他是一个不断向西方历史发问的谜团。

在我调研期间，我发现2500年以来，西方社会绕开"高敏感"一词去形容高敏感者的词汇有很多。这一现象充分揭示了社会对高敏感的认识的演变。今天，有一个短语经常被提起——"被活生生去皮的人"①。

很长时间以来，面对外部世界，我是一个没有盾牌、没

---

① 此处显然是用夸张的手法形容高敏感者。去掉表皮，意味着失去保护层，即使是最轻微的触碰也会引起身体上的强烈反应。该用法最早可追溯至19世纪，法国"短篇小说巨匠"莫泊桑在《温泉》(Mont Oriol, 1887) 一书中曾用"如同被活生生去皮的人"，表示一个人正处于极度敏感的状态。——译者注

有过滤器、不受保护的存在,一个"被活生生去皮的人"。这意味着最轻微的事件都能在我身上产生巨大冲击;我能感受到强烈的快乐;一句话便可以使肾上腺素激增,一个想法就能同时波及情感、认知、理智和情绪。作为一个没有保护壳的成年人,我曾给自己配置过第二层表皮,不过我仍感觉我是被扔进滚水里的鳌虾——这是我意识到自己是高敏感者之前的情况。

"被活生生去皮的人"并不是杜撰出来的。这个词形象地传达了高敏感者的一种体验,但说的不完全,因为它是在从一个有限的、片面的角度谈论问题,而它所描述的现象其实更为复杂。比如要描述一张桌子,我可以说它有4条腿,确实如此,但还不够:它是大是小、是圆是方、木制的还是金属的?

同理,外部世界的确容易触动高敏感者,最轻微的声音、最寻常的事件也能对他产生重大影响。然而,他之所以直接受到触动,不仅仅是因为"被去皮"——这通常意味着受伤、受刑,其实更是因为他过度地向世界敞开自己,充分触及了现实,与现实一体同心,也就是说,他和构成现实的一切建立起了密切的关系。

远在异国他乡的饥荒、战争、自然灾害,对高敏感者来说并不抽象——他懂得人类的苦难,并真诚地为此感到痛心,这份苦难也是他的。出于同样的真诚,朋友幸福,他也觉得幸福。高敏感者有一种可贵的品质:高度共情。带着敏

第七章 被活生生去皮的人：有幸走出他的保护罩

感性的智慧（这是智力的真相），高敏感者和世界撞了个满怀，对世界所呈现的景象有独特的理解。

高敏感者有幸"被去皮"，有幸走出他的保护罩，向积极的、有生气的关系敞开心扉。有幸"看到"一切，并从中获得一种能力、一份实力和精力，去理解，去反抗，去揭示不公。在别人只看到唯一的主干道时，他能找到其他路径。

我的一个女性朋友就是这种情况。看着孩子的健康状态每况愈下，她会知道为什么自己要否定医生的诊断，拒绝医生为她患病的孩子开治疗单吗？她对我说，她从未学过医，却感觉"有些东西不大对劲"，于是感到深深的不安，并不惜一切代价赶紧挂上另一位专家的号。的确，上一位医生诊断得太过草率，没有全面把握病症。这位"被活生生去皮"的女士凭借自己对情况的把握，救了女儿的命。她讲完自己的经历之后，我发现，若要描述高敏感者，"被去皮"的说法似乎远远不及"活生生"合适。高敏感者首先是一个活生生的人。

为解释这一广泛存在且始终引起人们关注的现象，"被去皮者"并不是人们的首选。20世纪初，高敏感者被称为"神经过敏者"，即神经处于"皮肤表层"的人。柏格森促成了这一表达的普及化，因为他在《物质与记忆》（*Matière et Mémoire*）这本杰作中提出一种关于神经系统的理论。柏格森认为，神经有三重功能，首先，用于接受刺激（让我那位朋友产生怀疑的第一次诊断结果）；其次，使机体配备响应这些刺激的"动力装置"（我朋友决定去别的专家那里寻求另一种答案）；最后，尽可能调动最大数量的"装置"以让机体做出回应（她用自己的智慧、情感和人脉，联系其他专家，获得就诊预约）。神经系统越发达，就越有能力接收微弱的刺激，并让这些刺激和数量更为庞大，也总是为复杂的"动力装置"建立联系。"这样一来，发达的神经系统便扩充了我们的行动范围，而它的日益完善也恰恰在于此。"

柏格森的神经过敏者与当代"被活生生去皮的人"相去不远，得益于敏感性，他可以察觉出别人没有留意的、微乎其微的事，并试着理解它们，搭建联系。他也是普鲁斯特笔下的神经过敏者，"接受神经过敏者这一称呼吧！您属于这个群体，他是地球上的盐，既可爱又可怜。我们所了解的关于我们伟大的一切，均出自神经过敏者。是他们创立了宗教，造就了杰作。世人从不知道亏欠他们多少，更不清楚他们向世界献出这些时遭受过什么。优雅的音乐、美丽的画作，我们品味着上千种微妙，却不知创作者为此付出的代价：失眠、哭泣、瞬间大笑、勃然一怒、哮喘、惊厥，以及比这些更糟糕的——恐惧死亡"。这段文字至今仍是描述高敏感的最美的片段之一。

的确，如果不脱离条条框框、走出整齐划一，如果弃置高敏感的作用，那么，人类就不会有任何了不起的创造。高敏感有超越理性、逻辑和枯燥理论的力量，能为我们提供一切可能性。

第七章　被活生生去皮的人：有幸走出他的保护罩

早在被称为"神经过敏者"之前，18世纪，高敏感者的代名词是"忧郁的人"。我们今天会把忧郁和难过、沮丧，甚至消沉联系起来，但显然不能用这些意思去理解忧郁的人。过去，人们是参照古希腊"四体液说"来理解这一表达的含义。"四体液说"是古代医学的基础，每种体液对应每类疾病和相关疗法。

依照这种理论，忧郁的人受到了分泌过多的黑胆汁的影响，于是变得敏感且情绪化，偶尔过于敏锐，既细心又有同情心，有时压抑自己，有时又表现出极度的兴奋。

亚里士多德对"忧郁的人"很着迷。他曾写道："由于他们感受强烈，所以很容易达到目标，好像从远处射击一样。而且，由于他们的灵活性，他们很快就能想到将要发生的事……忧郁的人通过前推，把事情一件一件联系起来。"很多高敏感者能在这段描述中认出自身。亚里士多德认为，这些人拥有"天才般的"直觉，他们既活跃、灵敏，又富于想象。另外，亚里士多德也描述了他们警觉的方式以及他们的忧郁，内心的不安促使他们多想一步、多做一步、变得英勇并去改变世界。总之，他们是柏格森和普鲁斯特笔下神经过敏者的兄长。

在《问题集》（*Problèmes*）里，亚里士多德通过大胆地比较，对忧郁的人做了完美的解释——酒鬼。"饮酒过量似乎彻底会让人们处于我们所说的以黑胆汁为主的状态。人们饮酒时，会产生千奇百怪的感觉。酒可以使人变得暴躁、亲切、悲悯、无耻,而牛奶、蜂蜜、水等其他任何液体均不会产生类似效果。只消观察酒是如何慢慢改变酒鬼行为的,我们便能说服自己,酒可以催生各种感觉。以禁食者为例,这些人性情冷淡,寡言少语。多喝一点酒,就足以变得健谈,更有甚者,开始长篇大论,胆量十足。如果再深入一步,酒便会激发他们行动的热情。如果还要喝得更多,那么,他们将开始辱骂别人,继而失去理智。"

亚里士多德再次肯定,世界上的伟人汇聚在忧郁的人的群体里。他强调,"哲学、政治、艺术等方面享有盛名的人",只有他们掌握着一种力量,这种力量促使他们劳动、成长、接受启发,并鼓励他们去冒险。亚里士多德列举了赫拉克勒斯、埃阿斯、拉山德、恩培多克利斯、柏拉图、苏格拉底以及"许多知名人物"。

你就是古老意义上的忧郁的人,也是我们今天说的"被活生生去皮的人",但你仍觉得自己不适应、有过错、奇怪、孤立无援吗?如果能获得亚里士多德提到的那种力量,你接受一下自己的高敏感会怎样呢?

允许自己接受由高敏感带来的微醺吧,它将赋予你力量与创造力。

第七章 被活生生去皮的人：有幸走出他的保护罩

谨 记

自亚里士多德开始，思想界、哲学界便不停地向高敏感者这一谜团发问，不同时期，人们冠之以不同的名字。

渗透着生命中的变动，高敏感者始终带有一种迷人的力量。

高敏感者的生活，在他自己看来似乎不太舒适，因为它由一连串的起起落落组成，高处直冲云霄，低处跌至谷底。在与现实的直接接触中，他能感受到最轻微的震颤，直接接触现实会带来美好的机遇。这就是伟人（政治家、运动员、战士、作家……）多出自高敏感者的原因。

尝试与体验

你已经习惯于外在的生活：路人甲的意见或路人乙的刺激都能让你有所反应，你在自己身边寻找解决方法。

假若颠倒一下方向，你朝向自己的内心，静观自己体内沸腾的能量，会是怎样的情况呢？

你觉得这样的能量是一种负担，你抱怨它漫溢了出来。事实上，它没有淹没你，而是正在你身上发挥作用。这是两码事！

和它建立联系吧，接纳它，相信它，和它做朋友。

它一旦被承认，就会和你说话。你不要感到困惑，因为沸腾的能量确实犹如一匹烈马。

畏怯地远远看着它，无济于事，你最好要驯服它，学会和它一起疾驰。

接下来，去开启你自己的人生探险之旅吧！

第八章

情绪一旦被认识清楚便能偃旗息鼓

如何做出真正合乎逻辑、合乎理性的决定。

高敏感者已经习惯在不信任自己的情绪情况下生活了。情绪随时都会闯入生活，留给高敏感者的印象是，它们妨碍正确行事。冠冕堂皇的理由是：自笛卡儿之后，我们被灌输的思想是，理性和情绪有着严格的区分，前者是精神的纯粹创造，后者则与身体有关，情绪扰乱理性，并阻碍其发展。然而，在高敏感者身上，这种划分站不住脚，有时几乎不存在。

从童年开始，我就被教导不准哭，不能生气，不要胆怯，不要被吓住，否则就是表现不好，不"坚强"，不成熟。事后，他们总对我说："你自己好好想想吧。"言下之意，就是认为我当时完全被自己的感觉所引导。

我不责怪我的父母：他们和所有人一样，信奉笛卡儿这条金科玉律，即我们应该用理性和意志来支配妨碍我们思考的、出自激情的非理性。简而言之，理想的情况是，在做出正确决定时，我们要像水蛇一样冷若冰霜。总之，始终要保持这样。由于我们仍然是人类，我们给自己鼓弄出一些无伤大雅的权宜之计——电影、游戏、无害的诡计。通过它们，倾泻自己身上太过盈满的情绪，继而重新开始"清晰"地思考。

几个世纪以来，我们生活在一个多么严重的错误里啊！直到20世纪90年代初，一些不受传统束缚的研究者，斗胆提出一个概念：情绪智力[①]（intelligence émotionnelle）——心灵的智慧。观点一出，立即引发轰动。

这种智力很微妙。它依靠的是情绪的巨大潜力；不是全盘接受情绪，或是胡乱拒绝一通，而是倾听它们，在每种情绪里辨析出哪些值得保留，哪些或许可以转化，哪些需要安抚。因为有些情绪欺人耳目，有些理由也经不起推敲：毫无根据的恐惧，不应该出现的焦虑，立即能被现实摆平的兴奋。相反，另一些情绪是真实的，它们在那里是为了提醒我们。如果我和某个人在一起不太舒服，或在某种环境里不自在，那么，清除这种不适感而不是试图理解它，会是很愚

[①] 又称"情感智力""情感智慧"或"情绪智能"。"情绪智力"一词参照《情绪智力——中国理论发展及应用研究》，高等教育出版社，2016年。——译者注

蠢的。

神经学、心理学领域的发现显示，情绪对任何逻辑思维均有基础性贡献，由此，笛卡儿所做的区分被彻底消除了，情绪智力的线索得以强化。

最惊人的发现之一来自神经心理学家安东尼奥·达马西奥（António Damásio）。在他加利福尼亚的实验室里，达马西奥借助极为高精尖的皮质成像和探查设备，发现了存在于大脑中的"躯体标记"（marqueurs somatiques），即我们的体验、愤怒、兴奋及情感留下的印记。我们当下的经历会重新激活某些标记，不管我们是否愿意，它们都参与了我们的决策。如果我避免在晚上走过黑咕隆咚的死胡同，那么，这不单单是因为我做了思考，而且是因为情绪标记提醒我警惕潜在的危险！

近30年的研究让达马西奥确信，"智力"的主要作用在于不断绘制我们最细微的感觉，并让我们从中获得自己和世界的模型。他表示，没有任何信息可以不带"情感"地进入我们的中枢神经系统。

所以，我们的情绪是我们与世界关系的重要部分。假若我要做一个合乎逻辑、理性的决定，那么，我更乐于听取情绪的意见：它们会给我提供非常宝贵的信息，如果我能分辨出来的话。

我曾与银行家们讨论过这一点。研究贷款申请材料时，他们将一串数字输进电脑，计算偿还能力，评估还款能力。

不过，原始结果通常会受到人为干预的影响——这就是让它变得更准确的方式。我们讨论一开始，我的交谈者们就称他们的人为介入符合"逻辑"，这基于对借款人的情况更广泛的评估。当我把讨论进一步推进时，我用其他说法——感觉、直觉，替代了"逻辑"一词，虽然不太合乎他们的使用习惯，但这些并不与理性背道而驰，而是滋养理性、照亮理性、强化理性。在一定程度上，情绪不仅有存在的权利，而且有自己的效用。

美国哲学家、法学教授玛莎·努斯鲍姆（Martha Nussbaum）仔细审视过以下论点：情绪是盲目的、损害判断力的动物性力量，因此，审判团在审议中理应完全将其排除。加利福尼亚州的陪审说明便是如此，该条文明确表示，务必注意"不要受单纯的情感、猜测、同情心、激情、偏见、公众意见或公众情绪的影响"。努斯鲍姆谈到，如此禁令只反映了一个颠扑不破的幻影，它是对我们人性的客观否定。幸好陪审员们不是以相同的方式、唯一的逻辑规则去审判一位遭受家暴继而杀掉自己丈夫的女性，以及冷血的入室盗窃者或连环杀手！

玛莎·努斯鲍姆不提倡徒劳地与情绪作斗争，而是鼓励在同情中进行道德教育，让同情伴随公正的民主审判，更为广义地说，伴随更公平的社会、更人性化的世界的运作。在这样的世界里，我们彼此联系，生活在相互依存中，这是真正的共同体的特征。切断自己的情绪，便是切断自己与现实

第八章 情绪一旦被认识清楚便能偃旗息鼓

世界的联系。那时,我不再能为自己、为我的团队、为这个城市做出一个好的决定。可以设想,这是非常令人担忧的。

然而,和所有高敏感者一样,在我看来,问题仍然在于如何处理过于盈满的情绪。这些情绪淹没了我们,我也意识到,它们有时甚至让我们与社会格格不入。我们已经看到,对它们进行压抑,或如实表达,均非对策。一种情绪首先需要被倾听、被探究,我需要领会它向我传达的信息,以便与之建立灵敏、成熟的关系。

朋友伤害了我,我很生气,不想再和对方搭话。我要花一些时间分析一下我所经历的事。朋友是出于什么意图?在回答这个问题时,我发现他不是有意伤害我,而是我的高敏感过度解读了他说的话。我生气不完全是对的:和所有情绪一样,它不是真相的证据,也不能坐实一个谎言。

有几种"检验情绪"的方法。我择取并试验了4种。我根据自己遇到的不同情况,运用不同的检验方法。

方法一:不偏不倚的观众

我从启蒙哲学家,同时也是伟大的经济学家亚当·斯密(Adam Smith)那里学到了该方法。感到情绪泛起,在它完全占据我之前,我会花时间自我调整,做一名目睹这一幕的观众,而不是急于下定论。我观察正在发生的事,不偏不倚,保持距离。回到前面朋友伤害我的例子上,公正的观众也许会注意到,这位朋友没有恶意,只是不懂交际而已。在这种情况下，我的愤怒不足为信。但观众也会发现，我生气不是没有道理。我已经做了必要的退步，以采取在我看来正确的决定。

方法二：审视情绪

这个方法是我从冥想大师那里得来的。生气的时候，我会闭目片刻，回到这种情绪的身体感受上。我的怒气也许在喉咙里或肚子里，我赋予它一个形状、一种颜色，我换着方式去审视它。例如，我的一个朋友同他的儿子各自骑车穿过城市时，儿子在没有环顾周围的情况就来了个急转弯。我那朋友火冒三丈，下意识地给了那小子一记耳光。事后，他为此深感愧疚，儿子也很反感他。通过冥想，这位朋友审视自己的怒火。他发现，怒火背后隐藏着恐惧。他为儿子担惊受怕，但没有告诉孩子，反而打了他一巴掌。害怕转化为怒火，他当时没有意识到这一点。此外，他还发现了自己身上那些温情的宝藏。这是一个很好的教训。如果审视自己的情绪，我就不会被它吞没，相反，我被情绪冲垮，是因为不知道它在向我传达什么。接触自己的感受，会得到解脱：情绪一旦被认识清楚，它便能偃旗息鼓。

方法三：将苦恼诉诸笔墨

写吧！取出一张纸，让心里的一切滑落笔尖，不要做评判。把你的情绪、你感受到的、你认识到的，原原本本转化成词语。探索你的体验。你当即为自己的感受创建了空间，你和它拉开了距离。写的过程会迫使你去审视，去了解，去探索。你的感受应该享有权利，但也不要任由它们占山为王。你也可以给自己写信或写邮件！你会发现，眼前的事情翻篇儿了：你不再受这种情绪囚禁，即使它还在，即使它是正当的。疏远，是发展情绪智力的必要步骤。

方法四：换位思考

在部门会议上，我的同事冲我发泄她的怒火。我早上来的时候遇见过她，她已经处于一触即爆的状态了。我没有责怪她或憎恨她，也没有反复琢磨这件事，而是设身处地为她着想。我知道她性情急躁。我曾听她提到她家里的问题。虽然成了替罪羊，但我清楚怒火不是针对我：其实，她是在冲她的孩子、她的烦恼、她的人生发火。我跟她说，冲我发怒是没道理的，这样也伤害了我。我尊重自己的感受，但不受制于它。比起这位同事，我有更多的自由。我不反刍[①]，另外，我足够平静，能够时不时地提示这位同事，她的怒气最终会转向她自己。

---

① 反刍（ruminer），原指某些动物进食过后，再将半消化的食物从胃部调回嘴里，重新咀嚼。心理学家借用此概念，形容个体对负面事件、消极情绪进行反复思考。——译者注

谨 记

长期误导我们的笛卡儿的情绪、理性二分法，如今已被神经科学家们的发现并破除。

情绪智力不在于接受或排斥情绪，而是把情绪视作值得被认识、被探索的宝贵潜力。

这种智力对高敏感者至关重要，另外，它是后天习得的。

存在一些方法，每个人都可以借助它们做训练，探索自己的情绪，品读情绪里的智慧。

尝试与体验

一些高敏感者遗憾自己被情绪吞噬，另一些则诉诸虚假自我，彻底和自己的情绪一刀两断。他们苦恼于无法进入自己的内心世界。

情绪没有消失，即便是被深埋，它们也存在着，一直还在那里。针对上述两种情况，与情绪建

第八章　情绪一旦被认识清楚便能偃旗息鼓

立平和关系的最好方式是观察身体感受。

倾听你的身体,不要忽视表示情绪的信号:心跳微微加速,脸颊泛红,双手冰凉,喉咙发紧。

探索这些迹象传递的信息。

自我发问时,你将探索出一份激动、一种焦虑、一番喜悦。

培养它们,以重新连接你的情绪。情绪对你至关重要。

第九章

高敏感可以被训练出来

高敏感不仅仅和心理学有关：我们的身体注定我们高度敏感。

弗朗西斯·杜莱勒[①]是材料物理化学研究员，凡尔赛拉瓦锡研究所（Institut Lavoisier de Versailles）的核磁共振专家。杜莱勒是他所在领域的世界级专家，虽然看起来是致力于研究物质，但他从该领域走向了对出神的关注上，继而更进一步地对高敏感有了兴趣。

他从不单独使用高敏感一词，他对我说，没有人是绝对意义上的高敏感者——即对一切都高度敏感。我们多多少少是在某一个或若干个方面感受灵敏，比如在噪声、触觉或味

---

① 弗朗西斯·杜莱勒（Francis Taulelle），核磁共振领域的专家，曾执教于斯特拉斯堡大学、鲁汶大学，现为凡尔赛大学化学系教授，法国国家科学研究中心（CNRS）成员。——译者注

觉方面。

为解释个体之间的敏感度差异,他首先以一个我们大部分人都经历过的情况做例子:对颜色的感知。面对一个鲜红色的正方形,大家都能看到红色。如果用白色渐渐淡化红色,到了某一个时间点,大部分都人会认为这是一个白色的正方形;而有些人还会继续把它看成红色。对颜色的敏感度也影响人们对分辨率的感知,比如大多数人看到的"只是"红色,有些人却能看到各种红色之间的细微差别。

高敏感能够被训练出来。在训练中,我们学会让我们的视觉、嗅觉、听觉变得精准细腻,对气味高敏感的"鼻子先生"(调香师)或对味道高敏感的葡萄酒专家正是典例。在学习的过程中,会有新的突触产生,即建立起新的神经连接。弗朗西斯·杜莱勒表示:神经元的发育对所有类型的高敏感都是相似的,包括情绪上的高敏感。

近年来,杜莱勒投身在了一个更加不为人知的领域:和我们或许错误地命名为"被改变的意识状态"[①](état de conscience modifié)有关的大脑活动。一种普遍的说法是,我们只用了大脑容量的百分之十。不过,杜莱勒告诉我,利用诸如脑电图仪等设备,我们很容易就能测量大脑的活跃情况。矛盾的是,我们醒着的时候,似乎已经用了大脑容量的

---

① 譬如通过冥想、醉酒、服用药物、被催眠等方式,人们有了不同寻常的、陌生的意识活动。——译者注

80%至90%……而且，睡眠中的某些阶段所占用的大脑容量高达百分之百。

就此谜题，弗朗西斯·杜莱勒一直向自己发问，直到找到答案：我们90%的脑回路都处在潜意识状态中。最为人们熟悉的，交感神经回路和副交感神经回路便是在自主模式下运作——激活血液循环、消化、呼吸以及其他活动。我们醒着的时候，普通意识（即意识）蜂拥而起，支配我们大部分的活动，比如吃饭、开车、工作，我能意识到自己正在做的事情。为使我们专注于一个行动，无关紧要的潜意识回路会被抑制，以免与意识回路产生冲突。而当我们睡着时，意识也在打盹，于是潜意识回路便能舒展自身，全力运作。这就是大脑在我们睡着时还处于100%的活跃状态的原因。

产生这种机制的生理基础：我们的神经系统在发挥作用时，会尽量避开相互对立的电信号限制——对立在哲学上被称为"矛盾"，在生物学上被叫作"短路"。潜意识系统处于待命状态的原因，就是为了规避"矛盾"或"短路"，但偶尔失控——各种信号四散开来，不受控制，这种状态表现为疯癫。在较小程度上，如果几个信号不出格地相互碰撞，最终就出现了高敏感的情况——不该被感知到的东西被感知到了。

弗朗西斯·杜莱勒继续谈到，和敏感度较低的人群相比，高敏感者身上的意识没那么强烈，潜意识受抑制的程度

第九章 高敏感可以被训练出来

比较轻。即使我们专注于一件事,潜意识回路也在或多或少地保持警惕,它允许我们在处理手头的工作之外,细化我们的感知。

另外,有一些状态可以减弱对潜意识回路的抑制,或者说,可以唤醒潜意识回路。正在创作的艺术家,在森林里孤独漫步的人,当然还有微剂量迷幻药(LSD)服用者或出神的人,他们都能进入临在感,即意识活动不占主导的状态,这时注意力变得更加微弱,四散的注意力处于一种失重状态。这不是由于意识被过度激活而产生的意志①行为,而是研究者所说的"观察情形"(scénario d'observation)的启动,换言之,如果我们将足够多的注意力放在意识上,那么,意识便不再抵制潜意识回路,而是观望它们。

杜莱勒告诉我,我们都可以体验这种状态,也都有能力在自己清醒时解除对潜意识回路的抑制。但相反的是,我们大部分人选择抑制它们,也就是说,有能力成为高敏感者的我们,偏爱重重地倚靠在意识活动上。

磁场和无线电波的核磁共振成像(IRM)使我们在探索身体和大脑方面取得巨大进展。研究人员赞许道,好在有IRM,我们发现在人的整个机体内都存在"情绪受体"(récepteurs d'émotions)。这些受体坐落于某些细胞膜上,

---

① 意志(volonté),心理学名词,即个人有意识、有目的、有计划地调节和支配自己的行动的心理过程。——译者注

063

对情绪做出反应，并机械地改变细胞，所以说它们"把心理植入了身体"。或许，这就是为什么情绪受冲击会引发身体失调，比如腹痛、失眠，有时是更严重的疾病。

作为一名严谨的科学家，弗朗西斯·杜莱勒注重证据，在没有确凿证据的情况下，他只做猜测：某些个体身上的"情感受体"可能尤为发达，并且/或者数量更多。杜莱勒所做的研究是在核磁共振中进行，借助磁标记，他试图弄清楚神经递质如何改变了我们的机体。研究遇到了暗礁，因为我们的生物系统无限复杂，任何一样东西都与另外一个耦合在一起。"蝴蝶振翅效应是合理性的基础"，他笑着对我说，"但我们的意识倾向于把事情一件件分开。"

在他看来，我们是否可以在未来某一天厘清高敏感谜团中的关键点呢？"要做更深一步的研究，我们必须把设备的灵敏度提高近百万倍。我们当下的目标是，配备比现有灵敏度高一万到五万倍的装置。至少到那时，我们才会看到答案的雏形。"

临近告别时，我向弗朗西斯·杜莱勒问了最后一个我很在意的问题：材料物理化学专家怎么会对高敏感，以及在更广泛意义上对意识感兴趣呢？"我的这一兴趣源于自己的经历。几年前，我患了脊髓压迫症，很痛苦，需要做一个很大的手术。自从做完那次手术，我就感觉自己和以前不同了。像宠物狗宠物猫那样，我能提前几分钟知道我太太要到家了。起初，我吃惊得不得了。她一进门，我给她沏的茶正好

第九章　高敏感可以被训练出来

能喝。我不通灵，但我有远程感知的能力，有闪现的念头。我是学硬科学出身，觉得这不合常理，我想知道这种高敏感是怎么产生的，想知道我机体里、神经系统里以及众多细胞里的哪一个生物回路受到了抑制。因为，很显然的是，我们整个身体都在对周围进行感知。细胞的细微变化引起我的敏感过度发展。不过，是哪些细微的变化呢？"

他提醒我留意一些尤其是像美国普林斯顿大学那样的大研究所，已经在对某些现象做深入研究了，譬如心灵感应。人体的生物性能够发出并接收已被测量出的波，这一点已经被证实。"这种能力属于潜意识领域的内容；我们99.9%的人不知道自己有这种能力。但是，如果每天训练自己，我们可以发展它。我就是见证者，不过还没给您带来真正科学上的论证……"

谨 记

得益于医学影像的发展，高敏感的原因开始有科学上的解释。这只是开始。

惊人的逆转——高敏感似乎才是我们大脑正常运作的模式；低敏感则是在不正常地约束我们

的能力。

高敏感者懂得在正常活动中优化利用潜意识里的信息，保护它们免受同时进行的意识活动的碾压。

完全处于"意识中"（en conscience），意味着人类生活和生命空间的缩水。

尝试与体验

学会把你的意识放在括号里，悬置起来。

在你吃饭时，心思不要只放在碗上，而要让自己走出意识，去探索一个充满未知的宇宙。允许自己起航吧，与你的直觉，与掠过的记忆，与你的情绪、你的想象建立联系。任由自己漂流，任凭被淹没。

你会感到自己的饭菜变得神奇起来，因为你给自己注入了生命力。

与其带着意识吃饭，不如带着高敏感开宴！

第十章

女巫：颂扬了敏感的天赋

高敏感者能够推测过去、预知未来，他的直觉知识常常令人生畏。

多年来，社会为谴责高敏感者，有时会诉诸可怕的方式，甚至到了镇压的程度。

因为高敏感者不让社会省心——他感受的太多、知道的太多、接收的太多、感兴趣的太多，他那鲜活的直觉知识，让传统的、学院派的人士受不了。我们很容易就能明白，当社会秩序受不愿被讨厌的僵硬规则支配时，高敏感者会对社会秩序构成威胁。高敏感者是自由的。

曾经有一段时间，一些人的敏感性把他们带到了火刑柱上。现在某些国家仍是这种情况，人们把受惩者称为女巫（sorcières）、男觋（sorciers）。这是西方过去的情况，不太久的过去……

历史学家儒勒·米什莱[①]（Jules Michelet）为探究这一主题，让自己也成了受害者。那是1862年，已经完成一部优秀作品的米什莱，准备将新书《女巫》出版。然而，他的出版者阿歇特出版社（Hachette）在把这本书推向书店的前一天畏怯了，他们销毁了所有已经付梓的《女巫》。只有一册幸免于难——现藏于法国国家图书馆。

之后，巴黎另一个出版社当图（Dentu）接受挑战，条件是要删改《女巫》中的某些内容。最先印刷出的9000册一抢而空，反响热烈：法国政府禁止该书销售；罗马把它列入禁书目录；这位历史学家也失去了法兰西学院的教职。

因为儒勒·米什莱为女巫写了一首颂歌，并通过她，颂扬了敏感的天赋。我无法抗拒摘引这些句子时的喜悦。"她生来是仙子"，米什莱写道，"从狂热中回归，她是女预言者；出于爱，她是女魔术师；出于敏锐和狡猾（往往古怪又慈善），她是女巫。她点拨命运，至少让恶行沉睡，让苦难受骗。"

他没有用足够感人的词来形容这位高敏感者："某些时候，她是通灵者。她有无边的翅膀，上面载着欲望和梦想。为精确计算时间，她观察天空；大地也在她心上。她低眉凑近充满爱意的花儿，和她们结下私人友谊。作为女人，她请

[①] 儒勒·米什莱（Jules Michelet, 1798—1874），法国著名历史学家，以文史结合的方式撰写历史，内容生动，为人称道，著有《人民》《法国史》《女巫》等，影响深远，被誉为"法国史学之父"。——译者注

第十章 女巫：颂扬了敏感的天赋

求花儿去治愈她爱的人。"

儒勒·米什莱大胆揭开这一整段历史，并提醒我们，在西方巫觋曾是融入乡间生活的。高敏感、对振动和直觉的易感性，使他们与生命之源秘响旁通。他们亲近大自然，甚至与自然共生，对草木如数家珍，巫师也是医师——米什莱眼中的医学先驱。

另外，有学问也成了巫觋受排挤的原因之一。文艺复兴时期，探索世界的权利落入了学者之手，这个时候，巫师不再被信任。西方大城市建立起大学，各种疾病有了说明和分类，外科发展速度惊人，人们发明了显微镜、印刷器材，科学扬言要和奥秘一刀两断，或者，无论怎样，都要对奥秘解释出个子丑寅卯。所有这些都在促成学者阵营对知识的垄断。现实二元化的合理性进程开始了——非黑即白，非善即恶。

对巫觋来说，这是致命的一击，因为凭借高敏感，他们能够在黑白之间看出上百种颜色，而且不只是各种灰色的细微差别。他们从根本上打破了传统的善恶之分，因为他们拥有一种时好时坏的力量，如同古代神祇有两张面孔，如同现实本来就有的复杂性一样。而社会开始标准化运作后，要保持井然有序，这些奇怪人物必然有损社会和谐，威胁社会的稳定。于是，便有了他们和魔鬼来往的谣言。

儒勒·米什莱并没有用足够强硬的词来描写教会。教会向这些不合规范的人发起战争，巫觋因高敏感而被憎恶、被审判、被谴责,并被带到17世纪宗教裁判所的火刑柱上。

对女巫的排斥波及对女性的排斥,人们误将高敏感和女性挂钩。而被幻想出的模范男性则一定要拥有力量、才智和男子气概,所有男性都要认同这些,否则便有受法律谴责、遭社会驱逐的风险。女性呢,则被剥夺一切权利。敏感与脆弱被划上了等号。从那时起,女性首先要摆脱的就是她的情绪和直觉。将女性软禁于所谓的典范中(以及炉灶旁边),成了驯化女性的手段。20世纪初,人们甚至发明一种女性特有的疾病——源自子宫(utérus)的歇斯底里(hystérie)。

直到20世纪50年代,米什莱的《女巫》才又被人们记起,这在一定程度上要归功于罗兰·巴特。作为哲学家、符号学家(符号学是一门致力研究符号的学科)的巴特意识到,认可女巫即是承认敏感的权利,后者正是我们社会迫切需要的。巴特被米什莱深深打动了,这位历史学家站在所有人的对立面,毅然接受"女巫"这一主题给自己带来的震撼、感动和触动。透过《女巫》,巴特看到了一部精神史、一部介入史。巴特是对的。

对《女巫》进行翻案打破了人们的已有认知。我们发现,每个人身上都有女性的一面,女性与世界有着真实的关联,她能够领会世界、理解世界,因而也能向世界施展力量。我们意识到,她不仅会和大自然说话,她也会安慰别人,也会施以援手照顾别人。米什莱写道,她"走入科学,并为科学带去柔情和人性,好似大自然的嫣然一笑"。

第十章 女巫：颂扬了敏感的天赋

尽管我们的确有了这些认识，但对社会而言，把高敏感视为应该受鼓舞的、合法且卓有成效的存在模式仍是不可想象的。诚然，集体想象不再打算对巫师们处以火刑，却也更小心翼翼地避而远之，说到底就是鄙视巫师。譬如，社会把护工的岗位留给他们。这些男性，尤其是女性，一边照顾我们、我们的孩子、老人以及患病的人，一边领着微不足道的薪水和感受着社会的偏见。事实上，这是个错误的认识。我们在接下来的几章也会看到，一直是高敏感者在推动世界运转。

为女巫平冤昭雪，即是为我们的高敏感和人性做辩护。可喜的是，后者不限于女性，我们都与人性相关。这种认知转变未来将是革新的基础，如果没有这一变化我们的世界将难以维持下去。只有高敏感者真正握有行动、创造、前进的权力，因为只有他们能够听到、看到、感受到旁人充耳不闻、视而不见、漠然置之的一切。

接受自己内心的沸腾吧！接纳自己关怀他人、体恤弱者的一面，允许自己关注陌生事物，而这正是生活的核心……

谨 记

西方在审判巫觋的同时，也在审判高敏感，因为它撼动了冷峻的理性主义。人们相信，只有理性主义才能推动人类进步，但这种进步其实是基于教条主义和对所有相异事物的恐惧。

这些人物的特征是，感性方面表现活跃：在他们看来，世界在示意他们和世界有默契，并能够推动世界运转。

为女巫的形象平冤昭雪，也是为我们自身的高敏感洗脱罪名，在更广泛的意义上，是为我们的人性做辩护。

▎尝试与体验

放下精神里的滤网，让自己敢于接连一种古老、原始且深沉的力量。发现那些让你感触最多的路径和仪式。

譬如，每天晚上观察月亮，坚持28天。感受月亮在不同阶段，如满月或新月赋予你的能量。

第十章 女巫：颂扬了敏感的天赋

通过自我训练，慢慢地，你会对星体给生命带来的神秘影响变得敏感。

赤足漫步在晨曦里的草地上。接触脚下的露珠。感受露珠如何把你和支撑你、滋养你的大地联系在一起。感受生命在你的脚部和腿部回归，在你的身体和精神里复苏。

拾捡一些草木，如山楂树枝、松果、茴香枝丫。去邂逅植物里的宝藏与力量，它们能对我们的精神和健康状态产生诸多影响。

第十一章
相信如烟花绽放般的想法

高敏感者为什么需要理顺他们的想法。

高敏感者到底在想些什么呢？在其他人专注于唯一一个想法，并"深挖"下去的时候，高敏感者已经跳到第十个想法上去了，后者往往还和第一个想法相悖；或把最初的想法忘到九霄云外，另起新的主意、别的愿望，或是其他反复咀嚼的事。这团混乱的局面时常令我们心力交瘁，我们希望不动声色，然而，每一个词、每一个动作、每一个反应、每一个选择、每一个发问，都是新的可能、新的深渊、新的时机，促使我们毫无限制地想得更多。

高敏感者的思维运行起来很奇特。这是一千零一夜的思维，山鲁佐德（Schéhérazade）每夜讲的故事都和下一夜的环环相扣，但这些故事又能转向另一个方向、另一个宇宙、

第十一章 相信如烟花绽放般的想法

另一个挑战寻常逻辑规则的秩序，它们见证了一种取之不尽、不断沸腾的创造力。

不消说，这样的强度让人的精神为之一振。不过，它也有可能使人一筹莫展。我的一位朋友向我讲述在家筹备晚宴意味着什么，"我立刻就知道我要做的事：确定菜单、采购、预备饮品、整理房间、下厨、摆桌、安排座位……问题是，所有这些同时涌现到了脑子里，面对这样的任务量，加上我的完美主义，我一下乱了阵脚——我完不成这一切。尤其是，我能看到、想到每一件事的所有可能性，以及所有可能出现的问题。我权衡各种方案，改变想法，因为有了一个更好的想法。我拿不定主意，犹犹豫豫，晕头转向，我不知道怎么开始，从哪儿开始。我彻底被这种强度击溃了，身体动弹不得。最后，往往以放弃收场，我恼恨自己。我一遍遍回想自己的失败，辗转难眠"。

我知道还有很多人，对他们来说，准备晚餐就像去邮局递信一样，速战速决。他们事先知道如何进行，按什么顺序进行。他们的思维像在隧道里不受辅路思维的影响。他们非常理性，给事情做整理、分类、排好次序。不允许出现一丝缝隙，以免混乱乘虚而入。但是，一粒沙子可以堵住这条无视心血来潮的隧道。那会是一场灾难，由于计划和安排进行得太过紧密，隧道里的思维不再能处理意料之外的事。

系统化的思维，枯燥无聊。天马行空的、一千零一夜的思维也存在潜在危险，一大危险是让我们中途迷失，兜兜转转,左思右想,最后选择放弃。不是我们懒散,也无关拖延,而是被淹没。没有读懂自己的"使用说明",高敏感者就会手足无措,总是兴致高昂,却难于将多项任务进行到底。重蹈覆辙时,这一幕转化成不安、疲倦、焦虑,长此以往,痛苦的高敏感者变得不堪一击。

很多人羡慕我们思若泉涌——一千零一夜的思维的特点。这是宝贵的优势——只要我们没有大费精力去为纷乱的思绪建立秩序。因为这既是我们的力量,也是我们的弱点:我们考虑得非常全面,同时想要每一缕思绪都有意义,想要理解大脑里的这团糟,更宽泛地说,理解发生在我们身上的一切。

在这种情形下,旁人给我们出谋划策:再冷静一些,"清空"大脑,努力控制自己。这些锦囊妙计并不奏效,而且有害身心。高敏感者无法仅凭意志力就能"清空"大脑,因为永远有其他信息、其他想法冒出来,它们相互推挤,质疑前面的解决方案。而强行要自己冷静的结果,是会让他越发疯狂地在原处打转。

只要我无法将自己的感觉表达出来,我就会遭受上述情况。别人无意给我设下的陷阱是那一句经典的"相信你的感觉"。虽是好意,但这个建议让我陷入极度的慌乱:我花好几个钟头向自己发问,我的直觉是否是对的……而且,又产生了其他想法、其他闪念,这令我难以喘息。

信心是时间结下的果实,我们不能够一开始便让它与

第十一章 相信如烟花绽放般的想法

一千零一夜的思维和谐共处。你无法逃避自己的敏感性，而且，为什么要逃避呢？敏感，是一张不可思议的王牌。你也不能否认自己所拥有的体验，它寄身于你，内化于你而不等同于你，它超越了你。它也是自由的体验，是和现实的复杂性进行谈判的最佳状态。

可你并不觉得自由，并不觉得踏上了一场旅行，反而是感到窒息。我理解这种感觉。我虽然不是笛卡儿的狂热崇拜者，但我在他的《方法论》（*Discours de la méthode*）里找到了解决方法[①]。根据旅行者在森林迷路的情形，笛卡儿想象出一种方法，你也可以在自己的头脑里进行设想。迷路的旅行者们"不应该一会在这边、一会去那边徘徊打转"，笛卡儿写道，"更不应该停留在同一个地方，而应该尽可能地始终朝同一个方向前进……这样，他们至少最后会走到一个显然比森林中间要好的地方"。

高敏感者犹如这些旅行者。他们纠结于受各种想法，想要同时踏上每一条路，因为担心错过"对的"道路，即通向目的地的道路。你也一样，你也想要同时穷尽一切途径。但请试着只朝一个方向行进吧，一步一个脚印。行动，是停止原地打转的唯一方法。不要任由自己被呼啸而来的其他思想干扰，对它们说声"你好"，让它们去吧。筹备晚餐，你不

[①] 西方现代哲学的开创者笛卡儿（René Descartes, 1596—1650）在《方法论》中提出四条规则，其中包括，把难题分成若干部分，从易到难，按次序进行思考，等等。——译者注

知道如何解决？首先，只需考虑菜单，列出有待采购的物资。然后，进行下一项任务。带着"方法"运用该技巧。为抵达某处，不应该分心，而要坚持下去，踏出一条路。假若，天不遂人意，你到达的地方不完全符合最初的设定，那么，仍要想起笛卡儿的话，"从那时起，它能够让我摆脱所有的悔恨和遗憾了"。

一个补充策略是，制定待办事项清单（to-do-list），待办事项列表也是待踏出的小径，它会指引你走出森林。制定待办事项清单是我的本能反应，我散散列出所有我要做的事，不分轻重缓急。我注意不要让清单太长，因为我可能会迷路。奇怪的是，当我拿起纸笔把任务写下来时，我就不再思考它了，或者思考得较少。写下任务，卸下思想包袱，我不再反复琢磨，而这正是高敏感者容易犯的。接下来，我把任务清单放在视线范围内，我信任在我身上起作用的东西。通过这种方式，我平静地、分阶段地投入每一项任务。某个时候，我觉得自己准备好了，曾看上去难以克服、令人讨厌的事情，变得更容易了，甚至惹人爱。我知道，这听上去有些矛盾。但和任何一位高敏感者一样，当我不给自己施加更多压力，而是相信自己的能力时，我可以更好地完成我要做的每一件事。

当你被泛滥的思想淹没，不要试图立即叫停它们。你也许会觉得这种做法不合常理，近乎荒谬，但是你要对自己一千零一夜的思维、如烟花绽放的思维有信心。另外，在一

第十一章 相信如烟花绽放般的想法

些创意讨论会上，人们要求参与者大胆想象、漫游、创造、建立关联，为一份文件、一个课题、一组主题注入新动力，这个时候，你的思维就会发挥基础性作用了。

留意脑海中出现的一切，不做评判。这是表示信任，即你对在你身上起作用的东西怀有信心的美好标志。利用这几分钟的时间，你会获得看待形势的新视角。随后，顺其自然吧！你正处在一览众山小的状态。接下来唯一要做的，就是踏上飞毯，由它带你前往终点……

谨 记

高敏感者想得太多。他拥有一千零一夜的思维，借此遨游各方天地。这段旅程璀璨如烟火，但我们有时为此疲惫不堪，感觉是在原地打转。

在这种情况下，你要给自己设限，使思想有序化、清晰化。不要拒斥一千零一夜的思维，不要尝试予以控制，你要做的，是给它指出一条路。

两种补充性的方法能够帮助你在无序中建立

秩序：笛卡儿《方法论》中的技巧；让思想得以喘息的待办事项清单。

尝试与体验

你并不总是对一千零一夜的思维怀有信心，在飞毯上，你心里更是没底。然而，所有创作者都羡慕你。

你要学会开发它，为做到这一点，带着你的问题，勇敢坐下来，将你的批判精神暂存一边，任凭烟花绽放。

如果无法独自完成，你可以结伴进行：找一个不一定对问题有了解的搭档，他会问你一些好问题，即最简单、最朴实的问题。

让思维朝各个方向扩散，记下你所想到的。

接下来，你将把事情安排得井井有条；随后，你会轻轻松松进入行动阶段。

第十二章

锚定：让思绪回到你所在的地方

如何借助高敏感在自己身上找到资源。

我有幸与弗朗索瓦·鲁斯唐[①]往来频繁，此人非同一般，从耶稣会士到精神分析学家，之后又成为催眠治疗师，2016年与世长辞。鲁斯唐开创了一种基于"身临其境"（être là）理论的新型催眠疗法。原则很简单，甚至可能看起来过于简单，但它其实是一条启蒙之路，一种秩序和制度的变更。这个原则就是，主体以极为深入、彻底的方式，"待在自己所处的地方"。

[①] 弗朗索瓦·鲁斯唐（François Roustang, 1923—2016），法国现当代哲人、精神分析学家，由宗教转向哲学、心理学领域，著述颇丰，代表作有《新法国的耶稣会士》《懂得等待》《什么是催眠？》《拉康，从含糊不清到绝境》等。——译者注

在一次关于催眠和冥想的讨论会上，我第一次见到鲁斯唐，我们两个人都做了发言。我开始谈到自己对高敏感的调研，就此话题，他的说法和我过去读到的、听到的，完全不一样。可以用一句话总结他的说法："只有帮助自己的高敏感充分发展，我们才能与它共处。"

他补充道，关键不在于理解这种现象；试图理解，是一种理性行为，而理性在这里是无力的。我们不能通过说理，让高敏感者变得不那么敏感；若要说理，我们只会使他们的问题更加恶化，因为对方做不到让自己不敏感，而且还会感觉自己更受束缚。高敏感不受意志行为的"调节"。

鲁斯唐对病人采用的方法令人诧异：他要求他们坐下，仅此而已。不过，是要病人将整个身体、整个存在坐在扶手椅里、自己所处的情境里，以及自己的生活里。你要和自己身体同步，绝对地在那里，不要试图理解或解决任何事情。你觉得自己迷失了方向？你感到不安？坐下来吧，就像你此刻正在椅子上一样。认同自己完完全全在那个地方，把自己锚定在一种确定的存在里。

带着好奇，我拜访了鲁斯唐。

——请坐在扶手椅里。他只这样对我说。

他默不作声，观察了片刻。

——不，您没有坐下来，您的心思不在这个位置上。您正在思考，停止思考吧。

在他的注视下，我任由自己滑落。我像扶手椅里的一块

第十二章 锚定：让思绪回到你所在的地方

石头。我抛掉了自己的思想，我只是我，正坐在这把椅子上。几分钟的时间，我不确定具体过去了多少分钟。突然出现了转折点，我不再妄图控制自己。我没有清空大脑，而是停止理解，停止评判。另外，我没有什么要理解的，只是行动而已。我落泪了。我和自己身上的一切，我生活里的一切，我的痛楚、我的恐惧、我的焦虑，终于和解。我感觉它们像一片阿司匹林，消融在一杯水中。

坐在原地，不能起立，不能看自己，这并不容易。当我们一直在战斗时，放弃、坚守原地并非一句话的事。面对生活种种境遇，高敏感者竭力寻求应对策略，可是，这些策略只会火上浇油。

在这把扶手椅里，我缴了械。我停止思考：当你进行思考时，你已经不在那里了，你只在自己的头脑里。正如弗朗索瓦·鲁斯唐所强调的，没有任何思考可以带来答案。此言一出，公众哗然：他的方法不是让大脑去理解，而是要我们的身体，要我们整个存在发挥作用，这一方法不可避免地招致抵制，因为它挑战了我们一直深信不疑的观念。

事实上，鲁斯唐的方法是说，个体要与高敏感和解，以合作而非敌对的方式，治愈其中的痛苦。锚定，是一种为自身打开弗朗索瓦·鲁斯唐所说的"扩大的知觉"（perception élargie）的方式，它与"受限的知觉"（perception restreinte）相对。

受限的知觉近似于集中的注意力：我把自己的注意力限

制在一份文件、一个问题上，接下来，再转到另一份文件或另一个问题上，对周边事物不管不问。扩大的知觉是指，我们在全面的清醒状态中，充分接触现有事物，对感知到的一切予以信任，全身心地处在我们的感受中。对高敏感者来说，这种存在方式带有非同寻常的功效：它能彻底舒缓高敏感带来的灼伤、煎熬。

扩大的知觉是一种能够进入米尔顿·艾瑞克森[1]所说的"无意识"[2]（l'inconscient）的特权模式，这位美国精神病学家在临床催眠方面颇有建树。艾瑞克森提到的无意识不同于弗洛伊德的表述。艾瑞克森对无意识的定义，并非"晦暗不明，受到压抑"，而是一个"发亮的容器"，我们所有的内在资源——我们的知识、我们的潜能均收归于此，它们唯一要求是想被表达出来。这种无意识有自己的运行模式。它知道推理，并在我们浑然不知的情况下，找到解决办法。它知道怎样行事：它从我们长年累月的阅历、成败中，积累了大量技能。当意识还在进行思考时，它已经找到了答案，这

---

[1] 米尔顿·艾瑞克森（Milton Erickson，1901—1980），20世纪著名心理治疗师，继弗洛伊德之后，潜意识研究领域的权威人物，并有"现代催眠之父"之称。——译者注

[2] "无意识"的概念并非一成不变，除下文提到精神分析学鼻祖弗洛伊德，以及艾瑞克森的定义之外，譬如法国20世纪著名哲学家加斯东·巴什拉（Gaston Bachelard）认为，无意识渗透有情感、智力及思考等成分，而非不被感知、受道德压抑。——译者注

第十二章　锚定：让思绪回到你所在的地方

样的情况不在少数。无意识是一块未被开发的宝藏，我们尚未重视对它的发掘利用。

通过锚定自己，你将重新迈入这片广阔天地，重新和你的生活、你的力量、你的可能以及你的资源协调一致。你将与人类固有的高敏感达成和解。安顿自己，问题便可迎刃而解，因为安顿下来的你会重新获得自由。

谨　记

我们拼命地想要解决问题，想要安慰自己，但是没有谁可以仅凭意志力就能做到。放弃安慰自己的想法，将自己安顿下来，才能真正地得到安慰。

我们的社会极为重视理解。但也许，有些时候，在与存在的另一种关系中，没有什么要理解的，仅仅去做就可以了吧？

对生活有信心，对此刻有信心，无须等待或寻觅什么，这是我唯一知道的神奇秘诀。但最难的部分，是对它表示认同。

尝试与体验

坐下来,锚定自己,勇敢一些;你原以为这很复杂,其实一点也不难。

相信简单,相信眼下的一切对你没有敌意。

坐下来,花时间身入其境,进入你的问题,进入你的处境。

让生命的力量在你身上发挥作用吧。

这一时刻会让你感到不安,你想抗拒。

你需要锚定自己,宛如一块磐石,然后静静等待。

第十三章

心：只会在不经意间打开

> 通往心的道路，悬念迭出，令人讶异。

高敏感者不被接受的原因之一，即在我们这个时代，我们和自己的心已深深隔开。这样，我们以为可以更高效；事实上，我们深陷无助与痛苦。

近年来，关于自我管理的方法层出不穷，其目的在于所谓"帮助开启心扉"。我不评判其中的任何一种方法，不过，很遗憾，大部分方法是无效的，是说不通的。我们不能决定像打开车门那样敲开心扉。一颗心只会在不经意间打开，几乎非常偶然。

关于打开心扉，有这样一段人生故事。

一位朋友托我照看她的狗，一只吉娃娃，我一周内所有的活动都有它陪伴，包括到精神病康复病房亲眷的床边。我们在病房外的花园里坐着，小狗蜷卧在我的膝上，一位明显很焦躁的病人走过来。她问我，狗会不会咬她。我让她放心：它不咬任何人。这位病人慢慢凑近，伸出手抚摸小狗。吉娃娃在我腿上一动不动，然后，舔了舔她的手。在我眼里，这一幕是在慢镜头下进行的，以最慢的速度记录了两个生命之间的感官联系。她轻抚着小狗，眼泪簌簌而下。在她身上，一个缺口被打开了，她的情绪，她的原始情感开始倾泻。一时间，这位病人意识到，世界并不完全敌视她，她有权生活在这个世界上，可以重归她的生活。

我不知道这位女士是否高度敏感，但我知道，一只小狗舔了舔她的手，她的内心受到触动，感官被唤醒，由此重新找到了人性的基本维度。过了几日，我向一名当时也在场的护士打听她的消息。护士向我证实，自那段插曲之后，这名病人平静了许多，她能和其他人一起看电视，还与他们交谈了起来。

这桩趣事点明了一种在我看来极为重要的现象：原始的、本能的、无须思考的感官性的力量（puissance de la sensorialité）。它与认知和情绪并列，是人性的第三个维度，但我们习惯对它不屑一顾。或许，这是由于感官性的力量无法诉诸文字？

感官性的力量爆发得总是很偶然，犹如破门而入。它不在计划内，不在我们的决定中。突如其来的它只为一件事：充分发挥作用，让我们重生，让我们得到治愈。这是一种高

第十三章 心：只会在不经意间打开

敏感的体验，只要放下控制欲，每个人都可以感受得到。它超越了单一的敏感性领域，蔓延至认知、情绪、情感，让我们有动物性的一面、有人性的一面，并使我们重返自己的人性。感官性的力量即是人性，它是外在的、可触的、敏感的、奇怪的、独特的。

我曾认识一家跨国公司的领导人。按照我们的社会标准衡量，他的职业生涯堪称模范：获得多所"大学校"[①]的学位，25岁成为高管，并以闪电般的速度晋升至高层。但工作之余，他没有任何激情或梦想。后来，因为姐姐出了事故，他把姐姐接到自己家，和自己两岁的女儿住了一段时日。小朋友活泼可爱，但他和女儿的接触处于最低限度。显然，他没有时间照顾女儿。虽然他也觉得孩子可爱，但又希望不要有人打扰到他的工作。

由于他女儿支气管炎的治疗效果不佳，发了高烧，喘不过气。于是，他半夜被姐姐叫醒，载他们去了医院。情况不容乐观。说不上为什么，他选择留在急诊室，和姐姐一起看护女儿。第二天早上，姐姐已经昏昏欲睡，他仍守着，来来去去的护士握着昏迷中小姑娘的手，抚摸她的额头。当一名护士开始给孩子哼唱摇篮曲，他的视野模糊了。没有像往

[①] 大学校（Grande École）是法国高等教育体系中独特的一环，始于法国大革命期间，招生门槛比大学（Universités）要高，旨在培养社会各界精英。如法兰西第五共和国现任总统埃马纽埃尔·马克龙的毕业院校——法国国家行政学院（ENA）即属于大学校。——译者注

常那样不轻易落泪,这一次,他潸然泪下,内心猛然受到触动。

几个月后,我又见到这位男士,他仿佛变了个人。他正在参加一个冥想讨论会,鉴于他的性格,我很惊讶他会出现在那里。我们空出时间聊了聊。他告诉我,是护士的歌谣触发了他的转变。在一种强烈情绪的支配下,往事扑面而来,他任由自己沉浸在聆听的欢畅里。被贴上封条的那面生活被重新打开了。那一天,他打破惯例,并未在早上7点半到达办公室,反而一直在姐姐身旁守着病床上的女儿。他重生了。

高敏感者往往比其他人有更多类似的经历。这些经历有时匪夷所思,而且客观而言,它们在我们身上激起的反应并不稳健。但这些经历是有益的,因为它们处于条条框框之外,越过了舒适区,打破日常生活里的千篇一律,预示着生命的美妙。

历史学家儒勒·米什莱讲到,法国国王圣路易(即路易九世)不会流泪,并对此感到遗憾。因为没有什么能触动国王的内心深处。但在某天,具体背景我们不太清楚,国王终于流泪了。"对国王来说,眼泪如此美味、柔滑,不仅在心涧,也在唇齿间。"基督教传统里有一种恰当的说法——有益的"流泪的恩典"(*gratia lacrimarum*)。这种恩典来自灵魂,其首要目的在于提供灌溉,缓解灵魂的"干旱",也就是我们如今所说的抑郁;第二阶段,泪水到达双眼,开始涌动。

第十三章　心：只会在不经意间打开

当你感到一切都对你紧闭大门，当你感觉自己身陷囹圄，那就进入高敏感的时刻吧，只有它能解开一切。请接受这种解决问题的可能性，它仅源于一个简单的事实——你的心灵受到了触动。将这种体验进行到底，如释重负感便会不期而至……

谨　记

不要试图撬开自己的心：任何强迫法都不会奏效，因为心和爱无法被外力制造。这是好事。

允许生活在你身上运转，为意想不到的事情留一份机会，为惊喜、为自己与心的相遇留一种可能。

不要拒绝眼泪，它们是蜂蜜。

尝试与体验

　　触动你的场景每天都在发生，可你的步履太过匆匆，你没有关注它们。在你眼里，这些事情处在生活的边缘，不牵涉利害。你错了。

　　一件琐事引起了你的注意？让这一刻有存在的权利吧，不要匆忙走开。正是通过这种方式，你将走进自己的心。

　　若要检验自己是否受到触动，你可以静待贝多芬的《命运交响曲》在你耳畔产生回响。然而，真实的生活并没有回音，你看到春天里的第一朵花，卖水果的姑娘多称给你3个苹果……这些小事悄无声息。

　　事实上，正是这些渺小却又宏大的事，织就了生活里的奇观。

第十四章

雅各：因接纳而拥有参与世界的关键

高敏感者如何承担责任。

高敏感者，柔弱无力的小生命？《圣经》并不是这样说的。耶和华选定3位大族长形成联盟：亚伯拉罕（Abraham），他的儿子以撒（Isaac），以及子孙雅各（Jacob）。照我们想象，这些人物八面威风，魅力四射，所向披靡，是建国立邦的领袖。但第三位族长雅各却完全不是这样，他是《圣经》所有人物中最为敏感的。近2500年前的《创世纪》讲述了雅各的成长故事，堪称最精彩的教诲之一。任何一位高敏感者，都可以从中受到启发，充分成就自己。

以撒的儿子雅各有一个孪生兄弟，名叫以扫（Ésaü），以扫先从母亲利百加（Rébecca）腹中生出，因而成为兄长。时间间隔即使只有几分钟，也足以让以扫获得附带在兄长身份里的命运：他像他们的父亲一样，善于打猎，勇武好斗，锐不可当。他身为一名战士，是以撒偏爱的孩子。雅各则体质单薄，身板不济，胆小怯弱，有一些腼腆，和母亲很亲近。他是内在性的人（être de l'intériorité）——我们今天会把他称为"有社交障碍的人"。以扫是探索世界的勇士，雅各是守护羊群的牧人，尤喜灶旁烟火。

雅各对以扫赞叹有加，却也嫉妒他。一天，以扫打猎回来，饥肠辘辘，雅各做的红豆汤香味扑鼻，以扫向他要了一碗。雅各给了他，条件是拿长子的名分做交换。以扫很饿，应允了下来。

但是，若要完全获得长子的权利，雅各还需要有父亲的祝福。在与母亲利百加的共谋下，雅各打消了父亲的怀疑，此时的以撒已老眼昏花。雅各皮肤光滑，他把动物的皮毛裹在自己臂膀上，冒充以扫。亏得有如此计谋，雅各骗取了他期待已久的祝福。

以撒真被计谋愚弄了吗？我曾向犹太教教士们请教过这个问题，他们给了我一个非常微妙的解释。以撒对他的儿子说："声音是雅各的声音，手却是以扫的手。"弦外之音是，你仍然是雅各，你保有你的脆弱性、内在性和敏感性，但已获得了这双手，凭仗它们，你今后将有能力投身行动、参与生活。

雅各是高敏感者，不过从那之后，他准备投身行动，承担政治、社会和精神责任。用我们今天的话来说：成为一个

第十四章 雅各：因接纳而拥有参与世界的关键

领导者。在这个故事里，我们得到的第一个教益：高敏感者或许愿意蜗居在自己的内在性中。然而，若要更好地和他的高敏感相处，若想从中有所获益，他必须采取行动。由此，他会彻底改变自身与高敏感的关系。

继续回到《圣经》故事。以扫得知被骗，怒不可遏，决定除掉胞弟。利百加忧心忡忡，要雅各投奔舅舅拉班（Laban）以躲开此劫。雅各未曾出过远门，不过，自从得到以撒的祝福，他已做好准备去克服恐惧，走出家庭茧壳，闯荡世界，谋生娶妻。虽然困难重重，但这会是一条治愈之路。从那一刻开始，他的高敏感和他对世界的具体接触变得密不可分，前者不再是一种无休无止的内省。

这则故事的第二个教益：高敏感为你提供可能。让你有创造的才能。去施展你的才华吧。

面对阻碍，雅各的敏感确实能派上用场。和所有高敏感者一样，雅各有创造力，懂得革新，头脑里充满了新奇、惊人的想法。舅舅接待了雅各，并派他去牧羊。他很聪明，可以使自己的羊群比邻人的兴旺。拉班甚为满意，把长女许配给雅各，随后又将幼女嫁与他——当时允许且重视一夫多妻。雅各继续辛勤工作，总要尽力做得更好。《圣经》里写道，这次轮到雅各有众多牲畜和仆人了。忠于舅舅20年之后，他决定带着妻子和羊群返回家乡。

这段旅程并不轻松。雅各很是担心。行进途中，在为家人安顿好落脚处之后，他独自躺在石头上过夜，准备随时与哥哥会面。像所有高敏感者那样,他需要安静,需要空间,以免迷失自我或被淹没。只要沉思不成为一种禁锢,它们就是有益的。

在孤独中,人总会和自己的影子、内心的恐惧,以及自己排斥的一切进行斗争。这是雅各的故事的第三个教益。《圣经》里上演了这样一幕:一个陌生人来和他摔跤。他们的打斗持续到黎明。

雅各搏斗着,他身体挺立,临危不惧,绝不放弃。他之所以能够搏斗,是因为他已经走完了一段赋予他力量的路程。搏斗胜利是漫长历练的结果,或许我们每个人终究都要参与这样一场较量。雅各得以领先,因为他通过了高敏感的前两个考验:投身行动;发现自己的聪明才智。通过这次搏斗,雅各要做的是战胜自己。

因为按照犹太教教士的解释,那人[①]是雅各神圣性的一面。换言之,雅各是在与自己搏斗,由此发现自己的真实身份。他已做好准备去迎战自己的内心——我们都会经历这样的斗争。借此,雅各成功克服了自身矛盾,并实现了内在性与外在性的完美统一。

摔跤时,雅各并非毫发无损,他的大腿受了伤。雅各保留了搏斗的痕迹:跛脚到终老。他的高敏感之伤不再只是内部的,而且也形之于体外,人人可见。这是好事:接受创

---

① 与雅各摔跤的天使。——译者注

第十四章 雅各：因接纳而拥有参与世界的关键

伤，不要为此苦恼。你也许可以正常走路，但可能有时言语不清，泪流不止，表露高敏感，等等。接受这些吧，不要觉得它们是问题。

黎明之际，那人想结束搏斗。雅各不许他离去，除非得到他的祝福。那人给雅各祝福，并给他一个新名字——以色列，即"与神较量的人"。你也一样，只要赢得这场搏斗的考验，完全接受自己，显露你的高敏感，你也会是一位领袖。

雅各接受自己的恐惧，因此他证明自己有能力成为族长。他接纳自己的高敏感，从中汲取能量，昂然挺立地直面世界，他现在终于可以去拜会自己的兄长了。以扫携400号人，支起开战的架势。虽然已战胜天使，雅各仍要过哥哥这一关。漫漫归程，你也会遇上类似的挑战。

雅各有勇气以谦卑的态度应对该挑战——他是高敏感者，所以能够做到这一点。这是本篇故事的第四个教益。怀着感动，他出发会见以扫，并为其献上一份厚礼。原要寻仇的以扫动摇了，面对爱的举动，弃甲言和。他收下胞弟的礼物，不再做任何争斗。作为对这一段路程的礼赞，他们的12个支派将以雅各的名字命名——以色列。

这个故事对任何高敏感者来说，都是最美的教导之一。雅各远远不是一位完美的英雄，但凭借他的敏感性、脆弱性、创造性以及他的自由，他能够正视生活，也就是说，他能够把自己塑造成人的存在。若是被恐惧吞没，或藏身于自己的世界，在其异己性（altérité）中，雅各不再容得下他者，甚至他的哥哥在他眼里也会成为一种威胁。要担起族长的身份，雅各仍有一段路要走，在此期间，他的高敏感如同一块拱心石，成为参与世界的关键。

这将是你的斗争，是把你的高敏感转化为力量的斗争。你将像雅各一样受伤，不过，伤痕可敬，这是你身上的人性的记号。

说到底，谁没有受过伤害呢？高敏感者只是证明，在这片土地上，承受痛苦是人类的尊严所在。你将会傲然挺立。

谨　记

雅各的故事是一则成长启蒙性质的叙事。我们每个人都受邀踏上了这段路程，让自己成长，承担责任，成为我们生活的领导者。

为了成就自己，高敏感者应该踏上这段路程，虽然不是坦途，但它是振奋人心的，而且它会发生变化。

在雅各的故事里，这段路程分为4个阶段：

第十四章 雅各：因接纳而拥有参与世界的关键

进入行动；拓展才能；与自己的阴影区交锋；最后，以谦卑的方式战胜他人，同时不失去自我。

▌尝试与体验

开启这段路程第一步，即投身行动。行动无须惊天动地，在你看来，可以是微不足道的，但行动非常重要。

你打算递交一份申请或开展一个项目，可你觉得无从下手？迈出一步吧，无论做些什么：如果只是寻求建议，可以写邮件，给朋友打电话，联系一位熟人。

这样，你将打破反刍的恶性循环，让情况有起色。

你将走出内在性，迈入现实世界。

重点不是旗开得胜，而是在行动的力量里有所受益。

第十五章

天资超凡者：具有强烈的好奇心

如果这是对高敏感者的另一种称呼呢？

19世纪末，在新型科学带来的狂欢里，人们想要测量一切，想要用方程式解释一切。各式各样的测试应运而生。1904年，法国一位部长级委员试图找出学校里最缺乏"天分"的孩子，为他们提供支持，或予以新的引导。心理学家阿尔弗雷德·比奈（Alfred Binet）受邀参与了这项工作，他设计出一系列问题——这些问题应该能被同一年龄段75%的孩子解答出来，并提出了心理年龄（âge mental）这一概念。

继比奈之后，德国心理学家威廉·斯特恩（William Stern）提出了智商理论。智商即智力商数（quotient intellectuel），其内容是，用心理年龄除以生理年龄，将结果乘以100——该数字代表平衡的平均值。据了解，智商低于100的孩子被

第十五章　天资超凡者：具有强烈的好奇心

认为或多或少有些智力低下，而智商较高的则被认为比其他人更聪明。随后，出现了基于比奈问卷模型的其他测试，用以计算成人的智商。此类测试数不胜数：斯坦福-比奈（Stanford-Binet）测试的使用频率最高，韦氏儿童智力量表（WISC）、考夫曼儿童评估成套测试（K.ABC）专为儿童设计，韦氏成人智力测试面向成年人，美军的 α、β 测试则适用于不能识文断字、不会书写的人群……

20世纪40年代末期，神经精神病学家朱利安·德·阿汝里亚盖拉（Julian de Ajuriaguerra）首次使用"天资超凡"一词形容智商高于平均值（即超过130）的个体。一石激起千层浪，因为这种称呼有违平等的观念，也就是说，从童年开始，就有高人一等、异于"天资不足者"的"天资超凡者"吗？在这种情况下，天资是什么？它意味着什么呢？问题始终无解。

的确，智商测试能够评估一定数量的、正在起作用的智力表现，但我们并不知道它们真正说明了什么，因为智力不是单方面的。我们发现，存在多重衡量智力的标准，这不仅关乎逻辑与理性，也涉及情绪、个人经历，以及个体对情况整体把握的能力、实际解决问题的能力，甚至还牵连感官——如几千年来，人们始终拥有关于使用手的智慧。所以，智力也分不同的类型：理性的、记忆的、身体的、语言的……但是，绝大多数测试仍限于学校层面，并未将整体智力纳入测试范围，而后者才是唯一真正有价值的。我身上旷达明理的一面，不会将测试结果和一个人的真实情况混为一谈。

后来出现了其他词语，以形容那些所谓比一般人更聪明的人。20世纪80年代，"早熟"代替了"天资超凡"一说，意在说明一些儿童领先于其他儿童，但后者到了成年可能会迎头赶上。法国教育部在这个词和"高潜力"之间摇摆不定，他们同时承认，科学制定者们并不总能就判断的标准达成一致。而地区教育学会发现，这些标准不限于智商，智商只是各类指数中的一项。另外，他们还指出，这类情况无论被冠以什么名字，都往往和某种障碍有关：学习障碍、注意力集中障碍，甚至诵读障碍或运动障碍。我们面对现实吧，小天才的刻板印象已经被打破了。

越来越多的专家开始认识到，上述词汇均不适用于某些个体：他们既不拔尖，也不落后，不在最优秀学生的行列中，却着实异乎寻常。他们与众不同的智力功能，首先表现为一种独特的存在方式——极为敏感。

教育工作者们心中了然：大部分所谓"天资超凡"的孩子之所以被送去测试，不是因为他们优秀，恰恰相反，这些孩子是在鲁钝、迟缓、不安、易激动、奇怪、捣乱，甚至在"没有天分"等方面"天资超凡"。在旁人眼里，他们是犹如谜一般的存在，他们也觉得自己是一个谜。他们知道自己与其他孩子不一样，并为此感到内疚，有时早早就用虚假自我掩饰这种差异，结果只会使他们的问题更加复杂。

第十五章 天资超凡者：具有强烈的好奇心

我的一位朋友就是这种情况，读完3年初中，人们建议她去考专业技能证书（CAP），虽然这有违她的初衷。没有人相信她的能力，她那优秀的高管父母更是对女儿没有信心。她在上小学一年级时，表现出写字吃力的迹象，苦恼就此揭开序幕。后来她回忆道："每写一个字母，我都要花很长时间，因为我想让它好看、完美。别人写完两三个单词，我还在描第一个字母。我气恼自己慢吞吞的样子，但这不是我能左右的。"所有人都觉得她呆头呆脑，其实，是她的感觉和情绪拖缓了行动。学生们取笑她——那个年龄段的孩子们可以很坏。她也没有兴趣和小朋友们玩耍，他们让她感到无聊。

上初中时，别人给她贴上叛逆的标签。她可以同其他学生一起游戏，但玩得方式不一样，追求也不相同。内心深处，她对同学们并无兴趣。和老师的相处更像交战，因为强加的协议和规则压得她喘不过气，她的一串"为什么"很招老师讨厌，她要争取自己的节奏和自由。只有一位历史老师看好她。初中二年级那年，这位老师用心良苦，给正上八年级的她专门布置了一项作业，老师带她去各个图书馆（那是在网络时代之前）搜集资料，让她就特定主题独自准备一些材料，然后向同学们展示。她全身心扑向每一个研究，并获得了最高分数，而其他科目的成绩一如既往地令人失望。她越来越焦虑，觉得自己是一个另类、不正常，而且处境尴尬。

如今，多亏研究人员和医师的努力，如法国人让娜·西奥-法克尚（Jeanne Siaud-Facchin），我们对非典型智力和独特的思维模式有了更多的了解。这种独特的思维模式被称为"树状式思维"，它与逻辑更清晰、更规范、更明显的直线式思维相对。

我们要厘清这样一个问题：树状式思维选取的路径不同于直线式思维，前者会绕过推理阶段，朝各个方向行进，注重直觉和闪现的念头。在学校里，拥有这种思维模式的学生很难参透老师给出的推理过程，对他们来说，推理过程太长、太复杂了——而这在别的学生看来不成问题。如果让他们极活跃的感受发挥作用，让他们将更复杂、更能开拓新方向的聪明才智派上用场，这些学生也可以把事情做成。复杂性并不真会吓倒他们，事实恰恰相反。但他们需要得到指导，以便能够更好地应对复杂性。也许，这就是有些人一生不得志，而另一些人学业有成、事业成功的原因。

近年来，不少专科学校已经落成，用于接收这些与众不同的孩子。他们想得太多、说得太多、反应太多、一心多用，看上去不守纪律，有着难以满足的好奇心和即刻迸发的激情。异乎寻常的并不是他们的智力，而是他们的存在方式，他们将触角部署至各处。这些孩子或日后的成年人，在别人眼里以及在他们自己看来，都不再是一个谜，只要他们独特性的根源——高敏感——得到理解。对他们而言，接受高敏感，意味着一场前所未有的逆转，即：他们可能要重新审视自己的生活方式。

第十五章 天资超凡者：具有强烈的好奇心

在我的学业结束后的一段时间里，我在一所高中教授哲学，传闻这里的学生很难管教。我的学生中的大多数都对哲学这门课有成见，他们认为它是给精英开设的。学年伊始，我的主要任务是向他们指出，这些文本谈论的是生命，他们没有任何理由感到畏惧。每个班级里都有令我吃惊的学生。他们的认知智力（intelligence cognitive）并不优于常人，但他们可以带着更少的阻碍，更多的好奇心和惊奇的本能进入文本。这些学生在他们的敏感性里闪闪发光。他们让我赞叹不已。后来，随着研究的深入，我才知道这些孩子只是触角过于发达、思维如树状的高敏感者而已。

念及他们，以及我生命中遇到的所有像他们的人，我不禁想起希腊神话中的美杜莎（Méduse）和珀尔修斯（Persée）。珀尔修斯，宙斯之子，奉命去取蛇发女妖美杜莎的首级，她的目光能把和她有眼神接触的人石化。不同于所有前人的做法，珀尔修斯没有正面迎击美杜莎，而是另辟蹊径，创造其他可能性，任由想法涌现，最终决意以镜为盾。如此一来，蛇发女妖可以看到珀尔修斯，却无法用目光直接伤害他。珀尔修斯战胜了女妖。

你也一样，你可以保持好奇，探索世界，提出问题，因为这是你的强项。你可以走近路，它们往往是最快的。不要回避任何可能降临到你身上的事，这就是与自己和平相处的方式。你是幸运儿！不要忘记，伟大的发明家也是高敏感者。因为高敏感，他们敢于打破陈规，不断探索，跨出前人铺就的路；他们了解当下正在发生的事情，并积极参与其中；他们还能发现别人未能发现的事物，获取令人耳目一新的知识。

迈出一步吧！你是自由的。

谨　记

天资超凡者并非拥有了可量化的、数值更高的单一的智力，而是有着多种智力，它们在网状系统中发挥作用。个体对周围世界的高度注意、高敏感可以将它们激活。

保守主义会为思想套上桎梏，束缚思想，而他有能力不被保守主义钳制。因此，他可以在乍看上去毫不相关的事物之间建立联系，这就解释了他的闪念和直觉。

出于高度敏感，他懂得独辟蹊径，复杂性不会让他望而却步。

天资超凡者具有强烈的好奇心，对一切都感兴趣，哪怕是看似令人抵触的事物。他对自己感兴趣的事物同等看待，因为想了解，所以能理解。

是时候创造这样一个世界了，一个可以让所有智力形式都将得到认可的世界。

尝试与体验

是否有能力冲破阻碍，是智力的关键所在。

我们都有绊脚石：对一些人来说，是计算机科学；对另一些人来说，则是哲学或数学。在接触它们的时候，人们可能会嘟囔着："我不是学它的料。"此类断言让我摸不着头脑，这样说的依据在哪儿呢？

倘若耐心一些，你就会有能力学习它。

对每一门科目、每一份资料、每一个主题，你都可以带着高敏感、积极地、以游戏的方式进行学习。不要心存偏见，尤其不要畏惧失败，害怕失败反会招致失败。

乐享其中，无所谓输赢。

你能够克服障碍，这才是最重要的。

第十六章

边界居民：在更富生机的世界得到滋养

高敏感者前往认知的边界，并带来他们的见闻。

过去，我一直相信死气沉沉的世界的传说，相信理性的胜利，认为神话是无稽之谈。我和大家一样，从童年开始就受这种意识形态的洗礼：水储藏能量，奶牛的体内是卡路里；树木是装饰品，或者最多知道它们储存着维系我们生存的氧气。生活在乡下的祖父母教导我，要对它们心怀敬意：人们不伐木，关心动物，爱惜沃土。然而，这样的世界仍毫无生气，因为它缺少灵魂。

在我年轻而且有阅读强迫症的时候，我发现了菲利普·德斯科拉（Philippe Descola）的早期作品，这是一位人类学家，20世纪70年代末，他来到厄瓜多尔与秘鲁的交界地

第十六章 边界居民：在更富生机的世界得到滋养

带，与希瓦罗阿丘雅人①（Jivaros Achuar）一起生活。阿丘雅人对待环境的态度让德斯科拉尤其感兴趣，为深入了解，德斯科拉追溯到了他们的创世神话。

按照神话中的叙述，起初，地球上的一切均形似人类。后来，由于种种原因，有些存在变成了动物或植物的模样，同时保留了原先人类的灵魂，群居组织也和原来一样。因此，在阿丘雅人眼里，他们与周围的一切有着完美的平等关系，无论是大型动物，还是最不起眼的草茎。他们有着性质相同的灵魂。

可见，阿丘雅人的世界观在根源处便不是二元论。德斯科拉强调，他们不区分人类与非人类、自然与文化，甚至不区分身体和精神。阿丘雅人相信万物可以相互沟通，他们自然而然地与他们周围的事物保持连通，以极其精微的方式，以高敏感的方式：他们能探测事物之间，肉眼不可见但真实存在的关联，可以和它们说话，而且能够听懂对方的言语。他们可以像动物一样凭本能在地球上生存，能够360度地观察任何情况；换言之，他们的视角是开放的、自由的、灵活的、流动的、创新的。

他们是边界居民，在不同知识的交界处进化，并获取滋养。他们仍然知道诧异、担忧，懂得倾听感觉传递的信息，即使匪夷所思。感官促生闪念，仰仗这样的恩赐，他们无须

---

① 阿丘雅为希瓦罗部落的子部落。——译者注

借助理性便能理解事物。他们旁通非人类的世界，与一个魔法世界相接触，据说那个世界是天真的、未开化的，其实它是我们的自然状态。他们培养他们的高敏感，后者同样是一种自然状态，而且，只有高敏感，他们才能在恶劣的条件中幸存下来。他们也与人类世界往来，而这个世界对他们来说是难以把握的，我们的分类、我们的图表、我们有限的理性，通通不在他们的理解范围内。

诚然，社会要划区而治，制定规则，设立边界，这些会让我们安心，然而，边界也切断了我们与生活的联系，阻碍我们获取宝贵信息，劝止我们生活在真实里。认知和理性是首要的，我们固有的另外两个方面被列至末尾：情感和敏感。

我们内心深处知道这一点。我们敬仰那些普通人、名人，他们敢于消除情绪、植物、理性、动物、科学、感官、感知之间的楚河汉界。我们始终在追寻一种原始的和谐状态，它的缺席是苦难的根源。《哈利·波特》是文学史上最畅销的系列书籍之一，里面的魔术师之所以享誉全球，原因或许只有一个：哈利·波特是边界居民，天生的高敏感者，他穿过墙壁提醒我们，存在一种普通魔法，一种不可描述、难以理解的知识，可以赋予重新连接上它们的人难以置信的能力，使其所向无敌。这些皆源于高敏感产生的力量。

我们每个人心中都有相同的基本愿景，即推倒横插在理性、情绪、智性、感性之间的屏障，换一种方式在世界上生

第十六章 边界居民：在更富生机的世界得到滋养

活。重新与世界的诗意相连，任何传统里的故事和神话，无论远近，都讲述了世界的诗意。

小时候，我听祖母给我讲关于第一只燕子的美丽传说，燕子刚刚飞起，就被一条肉眼不可见的玻璃龙攫住。好在燕子灵活敏捷，得以成功逃脱，不过，一根尾羽被龙掠去。祖母向我解释道，打那以后，人们可以从燕子尾巴中间缺失的羽毛来分辨它。

我很高兴能在所有其他鸟类中，看到燕子差池其羽。不知不觉，我由此发展了另一种形式的注意力，它使我和我的高敏感相协调，并让我触及一个更广阔、更有趣、更鲜活的世界，一个值得被感受、被探索、被倾听的世界，一个有灵魂的世界。我也终于有了寄身之所。

如今，我不再相信玻璃龙，但我身上孩子的一面、诗人的一面仍在津津有味地回忆这个故事。对我来说，燕子不仅仅是在合理的进化过程中产生的鸟类：我能感受到，我和燕子之间有一种情感纽带，有一份默契，我觉得自己理解它们。而且，通过让我的敏感发挥作用，我发现自己也更有人情味了。

燕子、荷马史诗、美洲印第安的或希腊的神话，它们让我看到了一个诗意的世界。这些故事当然不是"真的"，却传达了深刻的真理。它们使我明白，我的生命不限于"生产—消费"，我有权利"感受"一棵树、一朵花、一片海，同时不牺牲理性的正当要求。我允许自己体验世界，以让世界变得生机盎然。死气沉沉的世界的传说颇为枯燥，我从中解脱了出来，并成为一名边界居民。

高敏感是对我们与周围事物存在联系的基本直觉，我们无法用任何图表或词语解释这些联系，但这并不意味着它们不真实。

诗人、某些民族的人、边缘人，他们都是边界居民。他们教会我们更加留心，教会我们去爱这个世界。以他们为榜样吧，允许自己自由地发出赞叹。世界没有被祛魅①，在每一个日子、每一个时刻里，是你，在为世界重新赋魅。正是通过这种方式，你将摆脱禁锢。你有高敏感的天赋，你肩上有相应的责任，不要忽视这一点。

谨　记

> 高敏感是一种天赋，它把我们带到已知的、常见的事物的边界处。艺术家、诗人、原始民族的人们已经告诉我们，正是在那个地方，我们可以触及深刻的、有关存在的真理。

---

① 德国近代社会学家马克斯·韦伯（Max Weber）曾用"祛魅"一词说明科学知识对世界神秘性的消除。——译者注

第十六章 边界居民：在更富生机的世界得到滋养

有幸成为边界居民，这意味着，我们能够探索未知，获取珍稀的知识。

人为划分的不同领域、阶层、学科，在边界处再次融为一体，而且在现实里，它们从未停止联系。

▌尝试与体验

你在处理一份文件时出现卡壳，找不到出口。你想找自己喜欢的人诉苦，却不知道要怎样跟对方形容。

依靠你的好奇和想象力的能量吧。

走出已知的、寻常的知识汇编，敢于运用图像、隐喻，敢于构建联系，即使你觉得它们有些奇怪、不合常情。

无论它们是对是错，你都应该允许它们存在，并加以探索。

这正是你的边界资源所在。

第十七章
规范：碾压了个体性、独特性

在现实生活里，不存在统计测量。

在我还是幼童时，就迷恋绘画。为取悦我这个古怪少年，父母同意给我报一个绘画班，它就在我们家附近。那时，我刚满14岁，而课程只对成年人开放，我不知道父亲是怎样据理力争的，总之，他们接收了我。不得不说，我的热情很有感染力。

画室很宽敞，大约容纳了15名学生，包括一名患有唐氏综合征的年轻女性——雅内特（Jeannette）。她待在角落，握着非常尖细的彩笔，给老师潦草画在纸上的一个人物填充颜色。她需要好几节课的时间才能涂完。涂完后，老师祝贺她，然后，再在另一张纸上勾勒出一个形象，让她上色。雅内特似乎很满足，但我替她感到难过，看到她被孤立，全神贯注做一件没多大意义的事，我的心里很不是滋味。

第十七章 规范：碾压了个体性、独特性

随着课程的进行，这种情况变得让我难以忍受。我无心画画，心情沉重地看着她的一举一动。最终，我请求老师允许我照顾她。直到学年结束，我都在用自己的一部分时间做这件事。我当时不知道，自己正在踏上一场将持续数年的非凡之旅，它改变了我对生命的看法。

我建议雅内特画画，不要只涂色。面对一张白纸，她先是胆怯地尝试着，后来，随着课程的继续，她开始变得自信。在我眼里，她那在白纸上挥舞的手，犹如扬帆出海的船。她自由地画着，用力地画着，我从未见过有谁会用这般力度画画。她超越了一切规范，回到了艺术的源头、生活的源头。她比我们每个人都更自由。

雅内特很有天赋。最重要的是，她比许多专业画家更能触及艺术的真谛。她什么也不复制，而是以自己的方式表达她的所见所感。看着她，我意识到自己是规范里的囚徒，断绝了创造力的源头活水。她在发明创造，丝毫不在意自己是否在创作艺术品，而我是在学习。因为不受任何限制，她的画作棒极了。我一边引导，一边向她展示，可以换一个结构，试试新的尺寸，然后让她听从自己的声音，构图、作画、自我实现。

我为雅内特感到高兴。随后，我帮她展出她的作品，并加以解释。我不知道该如何感谢她，因为她给我上了一堂美丽的人生课。我感激自己的高敏感，否则，我也许永远不会对这样一位姑娘产生深厚的共情：我们都在学习制图、绘

画，而她仅仅涂色；画室宽阔，只有她在角落。我从她那里学到了太多……

再次回忆起雅内特时，我想起葡萄牙作家费尔南多·佩索阿（Fernando Pessoa）留下的一句妙语："世上本没有标准。在一条并不存在的规则里，每个人都是特例。"

谁是"符合规范"的人？没有人是。我们把规范奉为信条，却回避了这个词原本的含义。在法语中，"规范"一词用"norme"表示，它源自拉丁文 norma，意为尺子或角规，是建造直墙时标注参照点的工具。因此，这种工具是准确的、可靠的。我们奇怪地把 norma 转变成了一套强加给大多数人的常规，但实际上它们没有基于任何合理的事实：只有"直"人合乎常规，但"直"人是指什么呢？高敏感的人、女人、腼腆的人、黑人、白人，他们是"直"是"斜"呢？这显然没有任何意义！

如今，一切都进入了规范：我们的选择、感受、外貌、身材、体重、课程，小孩应该学会说话或学会阅读的年龄，甚至还有人们的做爱频率。规范快速成为新的尺度，任何一处的现实都由它衡量。我们的个体性、独特性备受规范碾压，尤其是当我们用力适应规范却发现各方面均未达标时，它的分量会显得更加沉重。

规范已不再合理，而且酿成众多不幸。由于种种原因，每个人都认为自己不合规范。确实，我们都是不符合规范的，因为规范性本不存在。也幸亏我们"不合规范"：我爱

第十七章 规范：碾压了个体性、独特性

你，不是因为你合规，而是因为你独一无二……

若产生混乱，结果也是毁灭性的。我们不是否定规范——在特定的地方，规范有其存在的合理性。比如，修建一面能起支撑作用的墙；制造一台不会在一年之内就报废的机器；生产一批不带安全隐患的玩具。

与规范一道的，还有另一个概念——平均值。据说，平均值是规范的反映。每个人都应该在平均值处会合，除了"不合规范"的人。至少，这是我们一直被告知的，而且我一度也准备相信它了，直到我偶然发现这一则真实的趣事。

20世纪50年代，第一批喷气式飞机投入生产，这种飞机比前一代的飞行速度更快，但驾驶起来也更复杂。后来，美国空军的飞行事故激增：出于某些未知原因，飞行员在执行一些机动动作时，会失去对飞机的控制。在排除若干潜在的技术和人为原因之后，人们发现，30年前设计的驾驶舱已经不再适合年轻的飞行员了，因为他们的个头增高了几厘米，体重也增加了几千克。为了找到完美驾驶舱的统计标准，上百位飞行员被测体量身：他们的高矮胖瘦，以及脖子、大腿、手腕的尺寸。通过计算，获得各方面的平均值。但实际上，人们意识到，这些新规范仅对应3%的飞行员的测量结果——所有其他人，由于测量结果超标或不达标，"不合规范"。虽然可调节座椅的发明解决了该问题，但它没有解决我们对规范和平均值的欲求。事实上，几乎没有任何人能够符合这些规范或平均值。

另外，平均值只是数据尺度，并非科学规则。但是，我们有意把两者混为一谈，由此招致不少混乱和人为操纵，深重的苦痛也因此产生。

法国哲学家、抵抗运动成员乔治·冈圭朗（Georges Canguilhem）为我们留下了一部重要著作——《常态与病态》（*Le Normal et le Pathologique*），冈圭朗首先对历史、科学认识论以及医学认识论做了思考，并在此基础上进入主题。冈圭朗对两种分类提出疑问，他认为生命体太过庞大、太过复杂，我们不能将其统归为两种情况或两种类别，不能把它简约为规范的物理和化学上的尺度。在科学领域，规范①无疑不可或缺，问题在于：规范已经越界，想要征服一切。

冈圭朗举过这样一个例子：一个人的验血结果显示，某些检测项目不合标准——低于或高于平均值。这个人不一定是生病了，他不是"病态的"，甚至可能非常健康，"正常！""应该始终参考个体本身"，冈圭朗强调道。当个体没有能力让自己符合规范，也就是说，当他在社会上不能"正常"生活时，他才是患病的，"不正常的"。

冈圭朗这本书已成为一种参考，甚至在精神病学领域也如此。在后者的"整体病理学"（pathologie globale）理论中，规范是一种参考的可能性；根据定义，"仅仅是一种可

---

① 即冈圭朗在书中谈论的"常态"。——译者注

第十七章 规范：碾压了个体性、独特性

能性"，它包含了"另一种可能性的范围"。

我们都感觉自己在某方面不合规范。我和人们谈心，经常听到的一句话是，"我不是正常人"，其实他们没有任何反常之处。和大家一样，他们有自己的特殊性：没有结婚；和家人的关系生疏；喜欢独处；比起乡村，偏爱城市；高度敏感……他们不在媒体和社交网络投射给我们的各类规范里。他们和我一样，偶尔会责怪自己与众不同。问题不在于我们偏离规范，或不符合无中生有的平均值；问题在于，我们对此有负罪感。规范已变得荒唐……

高敏感者首当其冲。他认为自己不正常，而他只是另一个正常人——我们都是"正常的别人"，每个人都有和我们一样的行为方式。其实，他是社会谎言里的囚徒。

脱离这种束缚吧，解开缆绳，去开拓你的生活。在一个规范湮灭人性的世界里，保留你的人性吧。即使那个世界要削掉所有突出的东西，要磨平一切棱角。因为那样的世界最终会让每一个个体都感觉自己是奇怪的。

你与众不同吗？那再好不过了。因为这是你的人性所在，是生命的礼物。你唯一的任务，是要守好自己的独特。正是它，将会把世界从沉闷中拯救出来……

谨 记

没有人是"符合规范"的。存在把墙体砌直的规范,但不存在定义人类正常性的规范。

我们受制于这一压倒性的概念,它披着合理性的外衣,却丝毫不合情理。是它阻止我们与自己讲和。

平均值只是杜撰出的数字,没有谁能够对应得上。

我爱你,不是因为你"符合规范",而是因为你独一无二。

▍尝试与体验

慢慢感受一下,你已经内化了多少"规范"的毒害。
你将开始从中解脱。
你终于相信,在某些方面,你不符合标准。
把它们一一写下来。
再次阅读你的笔记;你已经开始为自己解毒了。

第十八章

普鲁斯特：由我们自己发现智慧

若想尽兴过一场梦幻般的欢愉生活，只需用心。

若要言简意赅地描述高敏感，我大概只会择取安德烈·纪德《致与昂热勒的短笺》（Billet à Angèle）中的这一小段。在该片段中，纪德讲述他与贝女士的会面，贝女士告诉纪德，她12岁就戴眼镜了。"生平第一次看到院子里有各种小石子，我的喜悦之情记忆犹新。"她说。纪德对此评论道："在阅读普鲁斯特的作品时，我们突然开始对细节有感知，而在此之前，它似乎只是一团糟乱。也许，您要对我说，这就是所谓的分析家。其实不然，分析家区分事物需要做出努力，他要进行解释，要全神贯注。普鲁斯特则可以很自然而然地感受到这些。他就是这样的人，他的目光比我们的要微妙得多，专注得多。我们在阅读他的文字时，也在不断领受这种目光。"

马塞尔·普鲁斯特（Marcel Proust）的生活和作品是非同一般的，可谓高敏感者的生活指南。他始终戴着出了名的贝女士的眼镜，能够看到我们视而不见的东西，并为我们揭开无与伦比的一幕：镶嵌着"各种小石子"的现实世界。

普鲁斯特是一位极端的高敏感者，甚至在身体方面也是如此。他发扬了这种品质，将其转化为力量，借助这股力量，普鲁斯特写就了法国文学中最重要的篇章，并成为最不寻常的人物之一。普鲁斯特不能靠近花朵，否则便要哮喘。他躲在封闭的马车里，隔窗细看舍弗荷（Chevreuse）山谷的山楂树，并写下了最动人、最精妙的描述语。可以肯定的是，假若他能够和其他人一样，可以捧起一束鲜花，把它放在面前的书桌上，近距离观赏、触碰、轻抚这束花，那么，普鲁斯特就不会走到敏感的极端，也不会把它讲述出来。

普鲁斯特懂得把自己的特殊性转化为一种生活方式，透过他的书信，我们得以看到几帧高敏感者的生活画面。在他的书信中，闪耀着动人心弦的人性瑰宝。那是我的床头读物之一，入睡之前，我会随手翻开一页，细细品读。这种阅读对我极为重要——我得到治愈，我重新与自己的高敏感和解。

在普鲁斯特的书中，有几行文字讲述了女管家塞莱斯特·阿巴雷（Céleste Albaret）母亲的去世。普鲁斯特并不认识这位母亲，但他知道此事后泪流不止，像是自己失去了一

第十八章 普鲁斯特：由我们自己发现智慧

位亲人。他不觉得表达悲痛、表示极度的同情是一种羞耻。这让塞莱斯特·阿巴雷感到惊讶。该事过后，普鲁斯特握着她的手说道："我从未忽略您的感受。"在她内心深处，能感受到普鲁斯特说的是真的。30多年后，当人们问起这件事时，女管家依然很感动。

诗人费尔南·格雷格（Fernand Gregh）的最后一部作品集曾遭受尖锐的批评。作为诗人的朋友，普鲁斯特致信安慰道："其实，避而不谈或许更有分寸，或许也更为明智，因为从各个方面考虑，这件事无足轻重。但是我知道，在和谐的外表下，又不失微妙的焦躁，里面有你的敏感、你的想象、你的心。我担心这些荒谬的言论为你平添烦恼，我对自己说，兴许，某人饱含深情的思想可以给你带来安慰，他已然感到愤愤不平，而且，他了解到，此事绝对无关宏旨。"寥寥几行，道尽了普鲁斯特的细腻，他和别人有高度的共情，无论对方是谁。

得知作家路易·戈蒂耶-维尼亚（Louis Gautier-Vignal）把保罗·莫朗[①]送至门口却没有一同进来时，普鲁斯特坐立难安。他向自己抛出各种问题，即一个高敏感者面对如此情况时，头脑里会出现的一系列疑惑。他推断，戈蒂耶-维尼亚内心受了伤，因为他没有回复戈蒂耶-维尼亚最后那两封

---

① 保罗·莫朗（Paul Morand，1888—1976），法国著名作家，法兰西学术院院士，外交官，被誉为现代文体开创者之一。——译者注

信。尽管为时已晚,他还是匆忙登门拜访,以致歉意。戈蒂耶-维尼亚当时只是不愿打扰马塞尔·普鲁斯特,关于这段插曲,戈蒂耶-维尼亚后来写道:"他来对我说,虽然他之前保持沉默,但对我的友谊一如既往……他就是来确认一下我是否还好。"

是否可以断言,高敏感者是世上最贴心的朋友,唯一如此细致入微、挂念他者的人呢?

和大多数高敏感者一样,普鲁斯特知晓自己的独特之处,即他有发达的触角。画家雅克·布朗舍(Jacques Blanche)惊叹道:"您无法在普鲁斯特面前故作姿态,他那带电的探照灯直射您的内心,这位令人不安的心理学家给您拍了一张X光片。"保罗·莫朗也感到震惊,"对他隐瞒没有任何意义。如果一个想法泛起在您的意识表面,同一时刻,普鲁斯特在微微震颤,表明他和您同时接收到了信息"。莫朗这样的描述勾勒出了高敏感者的典型样貌。

近距离接触普鲁斯特,我获得了4条教益。

教益一:高敏感是绝妙的杠杆,可以撬动沉闷和无聊,解放我们

莫利斯·杜普雷(Maurice Duplay)为自己的朋友马塞尔·普鲁斯特写了一本书,他在书中提到,普鲁斯特难以入眠时会翻开一本铁路指南。端详着每一个车站的名字,他想象自己下了火车,要去发掘隐匿在名字后面的乡镇和城市。

第十八章 普鲁斯特：由我们自己发现智慧

他满怀热情和感动，只身一人在床榻深处旅行，如痴如醉，如梦似幻。程度是那样强烈，以至于这些名字"对他来说，有不同于哲学美作的另一种价值。虽然这也给那些品味高雅者提供了口实，他们会说，一位才子有非常愚蠢的爱好"。这是普鲁斯特在《驳圣伯夫》（*Contre Sainte-Beuve*）里留下的文字。

被唤醒的感官是一根魔杖，有了它，最平凡的事，譬如失眠，也变得惊心动魄。1912年，普鲁斯特仍在为一部700页的小说，即《追忆似水年华》的雏形，寻找出版商。这部作品几次遭拒，收到了包括时任伽利玛出版社（Gallimard）编辑纪德的婉拒。纪德后来谈到，这是"（他）人生最痛心的遗憾、懊悔之一"。后来，在奥朗道夫出版社（Ollendorff）工作的阿尔弗雷德·昂布洛（Alfred Humblot）也将此书退稿，昂布洛对自己的一个朋友说："可能是我愚钝，但我实在无法理解一位先生能用30页的篇幅写他入睡前的辗转反侧。"

然而，鲜活的生命正是这样，最小的事情、最轻微的相遇，都可以荡气回肠。得益于高敏感，普鲁斯特看到了生活里的五彩斑斓。有记者曾问普鲁斯特，如果知道世界末日即将来临，他会做什么。普鲁斯特的回答出人意料："我相信，对我们而言，生活可能突然美妙了起来……倘若没有世界末日……我们重归往常，在漫不经心里钝化欲望。不过，要热爱今天的生活，何须等到世界末日。只消想起我们是人类,今晚,或许就有死亡。"

这种观察非常深刻。我们半心半意地活着,因为我们的敏感均已被钝化。高敏感是一种奇迹,只有它能为我们开启美妙而无限的世界。

教益二:高敏感是我们的天赋

普鲁斯特从小就梦想撰写"一部伟大的著作",但要等"一个伟大的想法"出现之后,再与世界交流。他苦思冥想,徒劳地寻觅着伟大的想法,而他在途中遇到的,只有令他心神不宁、在他看来毫无思想价值的琐事:长椅上的一缕阳光,乡间小径弥漫的花香。有一天,普鲁斯特意识到,这些体验,就是生活本身。于是,他开始写作。他对记者E.若塞夫·布瓦(Élie Joseph Bois)说道:"我的书不带一丝推理,最细微的内容是敏感提供给我的,我在内心深处感受到了它们。起初,我并不理解它们,要费好些力气,才能把它们转化为可理解的内容,它们好似智性世界里的天外来客,怎么说呢,它们像是一个音乐动机[①]。"我从普鲁斯特身上领悟到,天赋有一个来源:探索内心感受和自己的独特性。这种探索是感知层面的狂喜,每个人都能拥有它,只是要用时间、耐心和充足的敏感去浇灌,这种探索终将开出花朵。

[①] "动机"系音乐术语(motif musical),是指乐段内部可划分的最小组成单位。——译者注

第十八章 普鲁斯特：由我们自己发现智慧

与众多博学者、哲学家、教授们的观念相反，人类生活的本质，或许不在于用千篇一律的聪明才智去做分析、整理、归类，而在于我们拥有独一无二的敏感，这种敏感使得我们可以一览众山小。

教益三：学会在痛苦中有所作为

通常情况下，我们面对痛苦，只有两种选择：要么固守痛苦，任由自己被销蚀；要么咬牙逃离，因为痛苦不足为外人道，而且我们也引以为耻。普鲁斯特，这个真正的高敏感者，为我们提供了第三种选择，它远比我过去读到的一切心理学建议都更有帮助，那就是创造性地转化痛苦。母亲去世对普鲁斯特来说可谓是一场磨难，母子情深，普鲁斯特无力迈过这道坎。通过深究自己的痛苦，他发现自己可以和深爱的人建立一种全新的、充满活力、有滋养的关系。挺过这次考验，他重新学会了如何生活。

教益四：通过命名，为我们的感受赋予生命

仅仅对敏感进行探索是不够的：在探索的过程中，我们需要为我们的发现命名。

卢西安·都德[①]向我们讲述到，有一天，普鲁斯特向他吐露过这个秘密：那时，"我们走出音乐厅，刚刚听完贝多

[①] 卢西安·都德（Lucien Daudet, 1878—1946），法国作家、画家，是19世纪著名小说家都德之子。——译者注

芬的《合唱交响曲》,我含糊地哼着调子,我想,这是我在表达刚才的感受。而且,我以一种后来才知道是愚蠢的夸张方式喊道:'太美妙了,这一节!'普鲁斯特笑了起来,他对我说:'我的小卢西安,您的"噗噗噗"(poum-poum-poum)并不能够让这种美妙被承认!您最好试着把它解释出来!'听完这话,我还有点不开心,但这个教训令我终生难忘"。

我经常想到这则教诲,并且尝试付诸实践。我已经习惯随身携带一个小笔记本,草草地做一些记录。纸页已泛黑,没有谁能看懂里面的内容,它也从未打算让人理解,但对我来说不可或缺。我要表达,要探索自己的所见、所遇、所闻。生气、惊奇、焦虑、高兴——我没有囿于对表象一语带过,而是更进一步,写下几行文字,把和这种情绪相关的一切交代清楚。于是,情绪有了肉身,不再是抽象的。

在这里,或许仍要援引普鲁斯特的话:"智慧不会从天而降,我们要经历一段没有人能够帮得上忙,没有人可以替我们免去的路程,由我们自己发现智慧。"

睁大眼睛,延伸你的触角吧,你看——别人只觉得灰暗的地方,你望见了彩虹的所有颜色。

第十八章　普鲁斯特：由我们自己发现智慧

谨　记

《追忆似水年华》堪称一部教科书，这本书解释了高敏感是为生命保鲜的最好方式。

在普鲁斯特的引导下，我们探索自己的高敏感，好似一场盛宴：它让我们心旌摇曳，迈开步子，经历不期而遇，建立从未有过的关联。

普鲁斯特促使我们将沉闷的惯常、褪了色的装置以及陈旧的观念一一打破，以将一块小小的玛德莱娜蛋糕转化为对宇宙的欢愉体验。

若要获取最不同寻常的感受，高敏感者无须登顶喜马拉雅山：最不起眼的日常小事也可以是一个蜕变的机会，一场冒险的契机。

▍尝试与体验

深居简出的你,在自己小小的公寓里,一边感受绝望,一边憧憬美丽和波澜壮阔。

普鲁斯特为你指明了道路:向夏尔丹(Chardin)学习,18世纪最伟大的画家之一,一把刀、一个餐盘、两只桃子便能成就一幅名画。

放眼周围。

拾起一枝丁香、几块卵石、一枚松果,把它们置于舞台上。你知道应该怎样做,因为你是带着高敏感去关注日常事物的。

把它们转化成欢乐。

小径尽头捡来的一朵花也可以为你带来幸福。

第十九章
平复自己的唯一方法是不去控制

高敏感是大脑最有成效的运行模式。

30多年前,我遇到M.勒万·凯昂(Michel Le Van Quyen)是在……坐垫上。我和他当时正在一起冥想,旁边有我们的引导者——神经科学家弗朗西斯科·瓦雷拉(Francisco Varela)。那时,M.勒万·凯昂已经对神经科学着迷,并在法国国家健康与医学研究院(Inserm)医学影像实验室做研究。

几年前,他的研究目标因一次意外被完全打乱了。中风夺去了他说话的能力,却也让他对安静产生新的体会,通过探究,他克服了理应会有的失声焦虑。安静,显然是指没有声音,但也可以指身体、注意力以及思想的安静状态。

后来,M.勒万·凯昂虽又重新学会说话,但已经变得对噪声高度敏感了。这个现象令他感到困惑,他不单单向自己提问，同时也在寻找答案。于是，他在实验室改弦易辙，转为研究和高敏感相关的生物学知识，即高敏感在机体和神经系统中的存在的依据[1]。

这项研究颇为深奥，我没有野心深入细节。不过，他以一种令我无限感激的说理方式拨云见日，对同一现象中的两大因素做了解释：许多人为高敏感寻找心理学上的支撑，实际上，它首先是一种生理学、神经元上的现象，后来才有心理学方面的解释。

他向我说明的第一个因素和边缘系统（système limbique）有关。边缘系统也被称为情绪脑（cerveau émotionnel），它受大脑中被明确识别的区域所支配。该系统可以自动运行，也就是说，不需要思考的干预。一些重要功能是由它负责，例如呼吸、消化、心脏跳动或者肌肉紧张。我的呼吸、消化、心跳等等不需要我有意识地给它们下达命令。

情绪脑通过两个平行的神经系统与我们的身体产生关联，即交感神经系统（système sympathique）和副交感神经系统（système parasympathique）。两者交替发挥作用，即一个系统处于活跃状态时，另一个在沉睡。为唤醒其中一个系统，情绪脑将分泌作用于该系统的激素，并将其激活——另一个系统即刻进入休息状态。

---

[1] 值得一提的是，其专著《大脑与沉默，创造力与平静的关键》已付梓。2019 年，弗拉马里翁出版社（Flammarion）出版。

第十九章　平复自己的唯一方法是不去控制

举一个简单的例子。我正在家，突然听到门铃响起，这时我的情绪脑立马做出反应。可能存在危险：情绪脑自动分泌压力激素，如皮质醇，以唤醒交感神经系统。后者是一种生理加速器，它会让我的身体做好准备以应对危险，如果有危险的话。我甚至浑然不觉地加快了呼吸，以便给器官提供充足的氧气，心脏跳得更快，肌肉开始紧张。

我打开门：是外卖小哥，我订的比萨到了。香气四溢的比萨让情绪脑再次做出反应，这一次，情绪脑分泌的是愉悦激素，例如内啡肽。这些激素唤醒副交感神经系统，使机体平缓下来，并帮助它在刚刚经历微紧张之后再次焕发新生。加速的交感神经系统则开始处于待机状态。我的呼吸变得平静，心跳不再那么强烈，肌肉也放松了下来。

认知脑（cerveau cognitif）只在第二个阶段发挥作用：刺激物——例如门铃声——更让人浮想联翩。这时，被调动的思想和回忆作用于情绪脑，使情绪脑分泌更多或更少的压力激素，或愉悦激素。恐惧招致更多的压力激素；而看到比萨时的欣慰，更会使愉悦激素大幅增多。总之，认知脑的反应迟于情绪脑的反应，但这里的时差单位是秒或是毫秒。在实际体验中，前后两个阶段很难被分开。

经验告诉我们，面对刺激，大家的反应不尽相同。我对某些刺激的反应要比一般人更强烈，比如门铃响起，开会期间有人向我质疑，或是自己目睹了一起事故。我当时会很吃惊，反复思考，深受触动。而我的同伴、同事、朋友他们不会有那么多的过激反应，他们会毫无疑问地去开门，完全不在意别人的异议，目睹事故、冷眼旁观。他们不比我更有智慧，M.勒万·凯昂笑着说道。神经功能决定了他们的反应。在有些人身上，非常微弱的刺激便足以拉响警报，促使大脑分泌压力激素，并唤醒交感神经系统。这些人，即高敏感者。而在另一些人身上，情绪脑反应迟钝。他补充道，很少有人对一切事物都高度敏感，有些人是对声音高度敏感，有些人是对气味，还有一些人是对情绪。

M.勒万·凯昂还指出，促使情绪脑做出反应的，不仅仅源于外界刺激。我们的"心灵状态"无论是否受到认知脑的诱发，都会作用于情绪脑。所以说，反刍和阴暗的心理引发压力激素，而积极的思想、开朗的心情正相反，它们催生愉悦激素。

M.勒万·凯昂研究的第二大因素涉及大脑的三大功能网络。我们都具有这三大功能网络，但由于个人经历、后天学习或基因上的差异，随着时间推移，它们的主导性和稳定性会发生变化。

第一个网络是执行系统（système exécutif），或者说理性系统。该系统位于大脑前额叶区域，能发挥过滤器的功能，可以拦截刺激，好让我们专注于某一项任务。由于它的存在，我们能够在开放的空间工作，或在咖啡馆保持交谈，即使这些地方充斥着各种信息的煽动和刺激。研究人员告诉我，高敏感者的触角分布范围广泛，它们能够不间断地接收大量信息，所以在他们身上，执行系统的效率较低。

第二个网络，M.勒万·凯昂称之为"默认模式"（mode par défaut），具体分布在脑皮层的不同区域。这是一个内在性的系统。当默认模式占主导的时候，我们处于遐想、内省的状态，精神飘忽不定。这些脱离理性的时刻有利于记忆和构建自我，也有助于产生直觉；创造，发现意想不到的解决方案。当然，在默认模式占主导地位时，遐思可能沦为反刍和一再重复。但M.勒万·凯昂强调道，第二个网络尤为多产。重大科学发现、文艺杰作、大大小小的发明，大多取源于此。这个功能网络值得被"训练"、受培养，我们可以通过冥想或在大自然漫步来做这件事。

最后，第三个系统是位于岛叶大脑区域的突显网络（réseau de la salience）。它充当着评判员的角色，是它让我们意识到我们在"游离模式"待太久了，是时候激活执行系统去专注手头上的任务了。

高敏感者责怪自己更愿意处于"默认模式"中，责怪自己感受到了各种情绪以及会集之后又散向四面八方的思想。让自己冷静的指令一到，高敏感者便强迫执行系统更严格地发挥过滤作用。这是一个很严重的错误，M.勒万·凯昂对我说。这样的操作，无济于事，最终还会把人逼疯。

高敏感者平复自己的唯一方法，不在于加强控制，而是要自己不去控制。该方法卓有成效，研究者、发明家和作家均已从中受益——他们知道，要解决复杂问题，不能单刀直入，需要迂回思维和遐想，直到出现让人不知所以然的"有了！"

从上小学，我就因"脑子在月球上"[①]而内疚。但这些发现改变了我：和所有高敏感者一样，我知道自己拥有遐想的力量，通过遐想，我们可以另辟蹊径。你的神经功能注定你有这种力量，你今后也可以信赖这种力量。当你的大脑处于遐想状态时，不要打扰它，因为它正努力把你带到你需要去的地方。接受自己吧。

谨　记

高敏感是生理学上的现象。高敏感者反应过度，并非因为他们不够成熟，而是因为神经功能在起作用。

大脑首选的运行模式是"默认模式"，它是一种内在性的、遐想的模式。能够轻松进入该模式，是高敏感者的幸运。正是在这种模式下，有了最不可思议的创造和发现。

---

① 即注意力分散，脑子开小差。——译者注

第十九章　平复自己的唯一方法是不去控制

你要对神经系统的独特性有信心。它知道怎样把你带到你需要去的地方。

尝试与体验

训练你的大脑在"默认模式"下运行。

允许自己遐想。

你有遇到问题、碰到一件让你感到焦虑的事吗？不要一个劲琢磨，让自己放松，望一望天边的云浪。

它们的形态，有些是陌生的，有些是熟悉的，它们让你想起某些动物、某些物件和某些人。

你是否觉得你在为自己遇到的问题浪费时间？暂时忘掉它们吧。踏上和云一起冒险的旅程。

在你不知不觉中，大脑已经在发挥作用了。

它知道，你有一个问题待解决。时机合适，它会提供你所需要的。

第二十章

安静：少了烦嚣，多了坚定

倾听生命里的声音。

当我亲爱的祖母不再能够继续独居时，她选择搬进养老院，在那儿可以认识新朋友。我经常去探望老人家，看着祖母和朋友们围坐在客厅，电视开着，但没有人观看，它只是杵在那里，制造着背景杂音。我的理智按捺不住我的焦躁：噪声实在太大了，我如坐针毡，注意力无法集中；我也觉得自己有些可笑，但这确实生死攸关。我无法忍耐，最终还是败下阵来——把祖母带出房间，离噪声远远的。

和所有的高敏感者一样，我需要在安静的环境里恢复精力。喧嚣、背景噪声、不必要的响动、喋喋不休的言谈让我感到冒犯。我不喜欢高朋满座的宴饮，偏爱关系更为亲密的便餐。若四周有太多人来回走动，我便无法集中注意力，或者只能把注意力集中到令我发疯的、乱哄哄的周围噪声上。

第二十章　安静：少了烦嚣，多了坚定

我需要安静。但我们的社会惧怕安静，只要一有机会，便把安静侵蚀殆尽：电梯里放着音乐，咖啡馆开着电视，商店门口摆着招揽顾客的扬声器，车站不停播报着同样的信息，刺耳的手机铃声无处不在、无时不响。

对很多人而言，这些噪声无关紧要，甚至颇受欢迎。安静反倒会引起恐慌，让人觉得可怕，因为它意味着冷漠、无聊、孤寂，映射着人类的生存处境。排斥安静并非我们这个时代的首创——自罗马人有马戏团或从更早的时候开始，所有嘈杂的娱乐消遣都是为了分散人们的注意力。

没有噪声，是有关安静的一个客观事实。我们感受安静往往是在夜里：电视已熄，万物入梦，我们竖起耳朵，只闻家具吱吱作响，或是远方传来的几声犬吠。但是，噪声的缺席只是通往安静的阶段之一。

一位体疗医生[1]向我描述过真正的安静，这也是我要谈论的。这位医生颇为敏感，对工作充满热情，但有时会被病人的滔滔不绝淹没，无法集中精力发挥最佳水平。他告诉我，"需要安静时，我学会在自己身上发现它、创造它，这份安静能把我带到我的私人空间，带到我的内在性中，即使环境嘈杂，也能让我感到安心、舒心。几分钟的时间里，有时不到几分钟，我保持沉默，观察着，倾听着，不做太多反

---

[1] 又称运动疗法医生（Kinésithérapeute），在法国为持证上岗的专业医护人员。——译者注

应，也许更多的是在感受交流。在重新加入对话之前，我回到自身，回到我的感受、我的要求、我的愿望上，不再发出声音。安静下来时，我感觉自己触及一种诚意"。

这种安静可以依托一段音乐、一首诗或某些话语生存并安顿下来。①真正的安静并不可怕，因为它是丰盈的、有生命力的、富饶的、可再生的；因为真正的安静倾向于聆听、接受，这使一切成为可能；因为安静首先是一种人类体验。

在安静中，存在一种未知且不可知的陌生性，它可以成为朋友。这种陌生可以打开世界的另一重更宽阔、更深刻的结构，为相遇创造空间。高敏感者本能地知道，安静并不构成交流或相遇的阻碍。它不是无菌罩，但可以缓和带有侵犯性的刺激，人们在安静中寻觅的，不过是一句真诚的话语，一句脱离冗言的真话。高敏感者对安静的需求，即是对深刻的真诚性的需求，以便能够与自己、与环境、与他人相处融洽。保罗·瓦莱里（Paul Valéry）曾说："安静是诗歌的奇特的来源。"

克尔凯郭尔（Kierkegaard）称得上是一位伟大的高敏感者吧？他给我们留下了关于安静的最美的句子之一："我们认识的生活与世界病得很重。如果我是医生，如果要我给世

---

① 譬如，著名作曲家德彪西（Claude Debussy）曾说："音乐是音符之间的寂静时刻。"立体主义运动的创始者乔治·布拉克（Georges Braque）所见略同，他认为"花瓶赋予空以形式，音乐赋予安静以形式"。——译者注

第二十章 安静：少了烦嚣，多了坚定

人诊治，我会告诉他们：安静，我开的处方就是安静。"因为安静，少了烦嚣，多了坚定。一开始，我们或许感到不适。但当我们训练自己和安静建立关系（apprivoiser[①]）时，安静就会变得丰盈，并能深深地抚慰我们。安静是一剂强化生命的良药。

最幸福的高敏感者，是那些和安静建立关系的人。安静治愈了一种他们偶尔会受其戕害的苦痛，即满溢的情绪，他们深受其害、焦虑不安，徒劳地希望排空过多的情绪。于是，他们忍不住想要说话，在混乱中、在情绪中、在无望中开口言说。投身于此类声音是最糟糕的解决办法，因为情绪不会就此平息。

有时，你也感觉需要发泄你的情绪，但你要知道，这只是一个幻觉、一种盲目，你并不会由此得到缓和。因为情绪是无法分担的，你明白这个道理。不要任由自己受荼毒。回归自身吧，与自己和平相处，"驯服"你自己。

保持安静吧，即使你不是独自一人。让"一个天使过去"。在古代，人们可能对你说："让赫尔墨斯过去。"天神赫尔墨斯（Hermès）主管交流，这看似有些矛盾。不过，

[①] apprivoiser，原是"驯服"之意，自20世纪法国作家圣埃克苏佩里在《小王子》一书里将该词创造性地解释为"建立联系"之后，"apprivoiser"遂成颇受欢迎的新概念，它是指与不熟悉的人或事物建立独一无二的联系，表褒义。作者在此处便是强调每个人都可以和安静有独特的联系。——译者注

正是因为在安静中，你才能进入震颤且饱满的生活，你才会发现你周围的世界。

谨 记

高敏感者极需要安静……但不是所有的高敏感者都知道这一点。

对高敏感者来说，安静是一种治愈的力量。借助安静里的滋养，人们可以进行重置，给生命做一次大扫除，一次全面的重启……

当你感觉被淹没，当你认为自己承受不住时，安静便是急救药。你需要暂时远离喧嚣与骚动。

第二十章　安静：少了烦嚣，多了坚定

▍尝试与体验

如果安静让你发怵，那就学会和它建立联系吧。

今晚，无论你是孤身一人，还是有人做伴，请走出你的习惯。

关掉电视、广播、手机，听一听夜的声音。

一开始，你感受到的是虚空，先接受这一过渡阶段，几分钟后将是盈满。

在你并不寻求填补的安静中，一个信息出现了。

你感知到一种自己未曾听闻的声音，你听到了生命的声响。

你正向有益的维度敞开自己。

第二十一章

倦怠：警示耗损和无意义感

威胁你们的，并不是你们想的那样。

关于倦怠（burn-out），有些言论令我震惊。它是世纪病，这是事实；高敏感者首当其冲，这也是事实。然而，如果高敏感者大多是受害者，并不是因为高敏感者有任何弱点，或抵抗力有限。相反，高敏感者的抵抗力高于平均水平，而这正是问题所在。高敏感者总想做得更好、更多，想让每一件工作都有意义，他们挑战自己的极限，并发现难以受到尊重。

首先，让我们就倦怠的概念达成一致吧，它已经成为一个包罗万象的术语，被误用来指代一切，包括因工作负担过重、压力过大或抑郁带来的过度疲劳状态。

而倦怠远不止于此：它是指整个人轰然崩溃，个体

第二十一章 倦怠：警示耗损和无意义感

不再具有任何力量的状态。受害者被彻底灼伤、烧焦（carbonisée）——该英文单词的字面意思。受害者的内心只有灰烬。倦怠是时代污浊、系统堕落的综合表征，它确确实实让人感到不适。

倦怠不仅仅是心理上的问题——尽管我们倾向于认为，对受害者的鼓励足以让他或她振作起来。而事实没有那么简单，因为这种疾病（确实是一种疾病）有一个生理基础，即身体受到强烈的、持续的压力攻击，直至功能紊乱。

这种攻击的来源：大脑分泌压力激素，如肾上腺素、皮质醇。前文已经谈到，这些激素让机体做出反应，要么予以回击，要么选择逃离。前面也提到，它们也会对某些器官产生刺激，比如心跳加速，为身体供氧，或是肌肉紧张。对另一些器官则效果相反，以免无谓地消耗我们的能量储备：压力激素减缓这些器官的运行。譬如肠道，更宽泛地说是消化系统（在压力状态下，我们的消化能力很差），而当压力激素长期分泌时，某些认知功能也会受到影响。另外，在激素的作用下，我们很清醒，不再考虑睡觉——所有彻夜未眠准备考试或竞赛的人，在某种程度上，他们的努力可能是立竿见影的。

这些插曲为我们的生活注入了一剂强心剂，它们提醒我们，保护我们，促使我们向前迈步。然而，在长期的压力状态下，压力激素不断分泌，机体不再能够跟上步伐，变得疲沓不堪。身体的氧合状况失衡，由此引发痉挛、肚子痛、记忆力减退，并伴随着智力下降。睡眠不足也会影响情绪：我们感到更脆弱、更敏感，怀着一颗"玻璃心"。

后来的某一天，身体、认知、情绪以及行动同时产生崩溃，上述症状加剧了10倍——高敏感者对这些变化心知肚明，但他们倾向于视若无睹，或让事态最小化。

身体层面，人体处于松弛状态。肌肉不再有反应。无力是倦怠最常有的迹象，某天早上没有力气起床，一连串极度不适的症状纷至沓来：恶心、头晕、头痛、无止境的疲倦。

认知层面，过去被我们置若罔闻的征兆变得更加清晰，并将持续下去：无法集中注意力，记忆出现漏洞，精神反应迟缓，推理能力"受阻"。对于经历过的人来说，这一刻让他们不寒而栗。

情绪层面，疲惫感笼罩一切。倦怠的受害者猛然意识到，他们无法控制自己的生活，于是惊慌失措。在有些人那里，情绪的迸发势如山倒。另一些人的情况则相反，内在的空虚殃祸情绪：他们一蹶不振，如同被麻醉了一般，百无聊赖。眼泪簌簌而下，大多是无法控制的。

行动层面，所有行为均受影响。不再能承受日常挫折和困难的人，会用自我封闭反射（réflexe de repli sur soi）来保护自己——他不再有应对能力。如果自我防卫发展到咄咄逼人的程度，那是因为他感到害怕，一切人和事都令他内心紧缩。他不太倾向于共情，因为他在身边感受到的只有敌意，看到的只有一团混乱。若要应对这些，他既无体力，也无心

第二十一章 倦怠：警示耗损和无意义感

力。他为自己降下半旗。他的高敏感愈演愈烈：一切都在他的感受范围内，一切都显得更加深重。

一个流传甚广且依旧深得人心的成见是，工作过度导致倦怠，毕竟存在这样的情况。其实这只是个例：工作并不致命，至少在我们社会是幸运的，工作受法律牵制，避免过度偏航。

致命的是，工作中存在"暴力"，这导致大脑分泌过多的压力激素。为了确定触发倦怠的因素，人们已经开展相关研究，尤其是对经历过倦怠的护工的研究。这种疾病的大部分受害者首先指向缺乏认可的痛苦，他们沉心工作却不被承认。

我曾陪伴一位朋友做过漫长的康复。当时，她已经在一家中小型企业工作了好些年，后来有一天，规则变了。出于激励团队的目的，公司引入一套"个性化绩效评估"机制。评估的对象不再是已完成的工作，而是所谓的"规定工作"，即每一位职员应该完成的工作。访谈中，人人自危，好像头悬达摩克利斯剑。我的这位朋友做的远比本职工作要多，但是从来不够。当然，"规定工作"的目标是无法实现的。明批暗斗，层出不穷：关于她的年纪、她的抗压能力；简单来说，就是关于她的能力，尽管我这位朋友一直在全力以赴。渐渐地，某些会议已经将她拒之门外，但仍把工作摆在她的办公桌上。她感到内疚，她是每天第一个上班，最后一个离开的职员。磨损她的不是工作，而是她感受到的周围人对她的不屑。

第一次出现身心虚弱的迹象时，她还责备自己。健忘，背痛不断、失眠、茶饭不思，她拼命抗争，拒不放弃。她把自己的才华抛掷脑后。即使一直被要求做得更多，即使因做得不够好而受指责，她甚至还要为此开脱。她的声音了无分量，但她仍把部门和公司的所有功能障碍扛在自己肩上。倾注了若干年心血的工作，它的意义开始荡然无存。有一天早上，她没有起床。

倦怠似乎来得突然，其实有一个相当漫长的过程，少则几个月，多则好几年。为时过晚之前，发现警告信号尤为重要。高敏感者很幸运，当他们被工具化到违背人道的程度，有时是自我工具化，他们的触角便能迅速发出警报，唤醒人性，以使他们发出"不"的声音，并设定底线。他们不敢说"不"，大概是因为他们觉得自己哪些方面做得不好。他们常常内疚……但是，一心一意地、热情地、仁慈地奉献自己，这有什么错呢？他们没有错，不过是系统里的受害者。

卡特琳娜·瓦塞（Catherine Vasey）是一位专门研究倦怠的心理学家，Noburnout[①]的创办者，她以自己对倦怠的体验，向我证实了这种直觉。她更喜欢把高敏感者称为高度清醒者、高度在场者或高度活跃者，在他们身上，卡特琳娜·瓦塞看到了人性进化的一面："在人类的时代更迭中，敏感性和深刻性有了发展，这是对另一种生活品质的憧憬，

---

① 一家为企业提供员工倦怠研究和预防管理的法国公司。——译者注

第二十一章 倦怠：警示耗损和无意义感

因为消费生活和僵化人、束缚人的'通勤—上班—睡觉'的老一套，带来了损耗和人性的无意义。人性将朝向这种敏感性发展：对深刻价值的尊重，对人类尊严的推崇……问题来了：未来的我们会发展出哪些人类品质呢？"

经历过倦怠，人们将变得高度敏感，高度活跃。他们不再以同样的方式看待现实，不再会被别人想要强加到我们身上的"暴力"所迷惑。当我的这位朋友从中走出来时，她终于有时间靠岸，重新思考她的生活，掂量出优先事项。遭受到职场上的烧灼，并从一个不再具有人性意义的生命中浴火重生之后，她对自己的生活高度敏感起来，极为用心地创造了另一种生活。工作方面，她依然是一位斗士，但她保留了另一片需要全心投入的天地：她的家庭、休闲活动以及她很在意的一个协会。

在你身上，你有一切可供你调配的力量，用以动员自己、保护自己、取得胜利。但愿少数人的倦怠不要酿成吞噬整个社会的火灾。我深信，未来有一天，高敏感者将拯救世界。

谨记

倦怠不是能力减退的信号,而是过度高效的标志。

工作繁重并不招致倦怠,遭受的暗箭才是元凶。

系统倒行逆施,已经到了要倦怠受害者自责的地步。自责什么呢?责备自己太过热情吗?

倦怠有警告信号。睁大眼睛发现它们吧,学会对滥用我们的热情的人说"不"——即使高敏感者难以开口。

尝试与体验

你必须用自己的热情保护自己。

对你来说,这是危险而微妙的处境,因为你总是毫无保留地投入工作。

你感觉有些事情不对劲,听一听自己的声音。

让自己得到帮助,以一种你自己难以提供的客

第二十一章 倦怠：警示耗损和无意义感

观视角审时度势。

和你信得过的同事或是专业的帮助者一起找出导致你不适的原因，查明你所遭受的操纵。

你要设定底线，即使这不是出于你的本性。

第二十二章

高效：不做转轮里徒劳奔命的仓鼠

仓鼠轮的反生产性。

我赞赏高效，这是一条由热忱和追求卓越的精神铺就的路。高效与创造力、发明力有关，它也意味着个人有能力联系现实，有能力为自己打开通往现实的大门。高效是培育杰出人物的法宝——我们每个人都可以成为自己生活里的优胜者。

阅读过我的书的高敏感者会明白这一点。我自己也学会用以下标准来识别他们：这些人可以带着激情、毅力、胆识及能力，单为一项任务投入若干小时或是几天的时间，无心茶饭或休息，也不愿走动；他们被一种内在的洪流席卷，所有的触角都严阵以待，他们忘记了自身的存在，而一心扑向表达、创造、实现；他们摆脱繁文缛节，触及生活深刻的一面。

第二十二章 高效：不做转轮里徒劳奔命的仓鼠

然而，有一种转变逐渐潜入社会。我们对高效的合理赞赏已被险恶地撺掇到盲目的地步。一段时间以来，高效已经换羽为一种过度的，近乎歇斯底里的追求。而过度追求高效将不可避免地导致我们走向毁灭。

苛求高效与高效不可相提并论。前者是利益当道的结果，是由一列列和真实无关的数字催生出的。在这一过程中，我们总是有错的，我们做得总是不够多，被勒令再投入一些心力；工作量方面，永远存在可提升的空间；智慧不一定派得上用场，创造力更无用武之地。狂热地追求高效是对人性的极端蹂躏：个体不过是机器上的一枚齿轮。

与一种甚嚣尘上的观念相反，这类疯狂其实并不会产生效益。因为它将整个现实领域简化为零星的数据和各类机械化的协议，而在具体的现实情形中，这些数据或协议并没有带来更好的结果。

各行各业，所有部门均受牵涉。售货员？他们现在被称为"收银员"，服务每位顾客的时间被登记在册，以便加快工作节奏。他们独具特色的接待方式受到禁止，取而代之的是细致入微到"您好""谢谢"等协议里的内容。医院里的各科室负责人和医生们，把三分之一的时间耗费在统计工作量上，工作目标也由这些图表上的数字决定。其中一位医生沮丧地向我吐露道：花在表格上的时间，是从本来要用在病人身上的时间中"赚到"的。他认为，在病人身上花费时间也许才更合情合理，更富有成效。"缩短为每位病人服务的

153

时间，确实可以做更多的事。可是，受损的是大家，因为我们匆匆忙忙肯定会漏掉一些症状和疾病，如果及时发现，就可以为社保体系节省更多资源。"然而，这位医生别无他选：如果不填那些表格，饭碗不保。一个医生坐在这个位置，依然是转轮里的仓鼠。

对高效的过度追求扼杀了高效。诚然，机器人医生（médecin-robot）能够按照所有的协议行事，但是，无论人工智能将取得怎样的发展，它始终无力应对意外情况，而这正是医生们的家常便饭。机器人编辑（éditeur-robot）可以制作分析表，估量一本书走俏的可能性，而它没有能力潜心研究手稿，去发现令它喜出望外的主题；也无法像伯乐一样，去发掘等待机会的新生作家。机器人工厂（usine-robot），可以每分钟生产一万部手机，但或许从来不懂得发明；也没有能力了解甚至预测用户的需求，以便继续改进手机的用途。

我认识一位高敏感的注册会计师。他在数字里找到了自己的归属，数字能够抚平他的内心。他非常率直，极为严谨，对规则了如指掌，毫不逾矩。不过，他的共情心可以使他对每一种情况都有直觉上的把握，能够看到账目与数字背后的事实之间的关联，建立别人难以洞察的联系。有时候，他会迈出绝对的理性，更多地根据生活中的真实情况采取行动。他和客户并肩作战，设身处地为客户考虑，尽心支招，讲的是有实际内容的方法，而不谈空洞的解决方案。他肯花

第二十二章 高效：不做转轮里徒劳奔命的仓鼠

时间做事，正因为这样，他才是高效的。

苛求效率不单单有碍于我们追求卓越，它更是疯狂的、无效的、血腥的。无论是在人性方面、社会方面还是生态方面，我们都为此付出了高昂的代价。这种过度的追求无视任何限制，如同压路机一样前进，碾轧挡道的一切障碍物。它否定了在工作中需要积极介入的维度，取消了工作中的其他可能性。而积极介入这种要求合情合理，不仅是对个人，对社会、对全球均是如此。停止损害吧——它们已经过度。

我住的房子有一个奇特之处：大部分GPS显示它的位置在百米开外。我没有私家车，有时需要打出租车。有些司机陷入对高效的狂热了，他们眼里的现实不超出GPS显示屏：离我家远远的就停下车，几乎不看和要接的乘客之间还有100多米的路程，我只得从家急速跑过去。另一些司机则会好奇地询问一句，有没有走对地方，是否需要再往前开一点。短短一段路，区别两类人：一类人知道观察周围，懂得开创其他可能性；另一种人则任凭机器蒙蔽双眼，最终失去"看"的能力。前者通常面带微笑，而后者的沮丧神态能让我心头一颤。苛求高效（在这里体现在GPS上）致使他们与生活隔岸相望，困身于一个气泡里；他们忘记了旁人，也忘记了现实。

高敏感者追求高效，因此也更容易患上对高效的歇斯底里。后者切断了高敏感者生命中的创造性、欲望和驱动力。他们不能让自己这样做。如今，在呼吁整个社会变得更加合理的声音中——减少机械化、增加人情味，不少声援来自那些选择打破沉默的高敏感者。他们决心不做转轮里徒劳奔命的仓鼠，他们是世界的良知。

你已经获得高敏感这一礼物。你有更强的能力去探测、去嗅闻、去建立连接、去预感、去想象、去理解现实，从而创造新的可能。警惕苛求高效过程中的冒牌先知置你于危险境地：你要知道，他们的信仰扼杀我们的人性——这实属一种罪行。这个世界需要你，教世界反抗吧，教它变得高效。

谨 记

高效意味着要热忱参与，它与苛求高效相去甚远，后者是一个致命的齿轮传动系统，在经济方面也代价高昂。

苛求高效会抹杀创造力、欲望、事实。

高敏感者发现，这种对高效的狂热带有毁灭性的荒谬。他无法接受。

高敏感者是吹哨人，是世界的良知。他们有能力让世界走出这种狂热。

第二十二章　高效：不做转轮里徒劳奔命的仓鼠

▎尝试与体验

菩萨要求弟子学大象那样前行，而不要学蚯蚓。

蚯蚓在黑天墨地里开路，行进时，一无所见。它不断挖土，挖土，目标却从不清楚。大象则在光亮处迈步，每踏出一脚，它都留心周围的一切。不紧不慢，在时间里获取养料，用力量支撑自己。

蚯蚓劳累不堪，大象不知疲倦。

像大象一样赶路吧，以免因为过分追求高效压弯了腰。

你要整理橱柜？不要被它的层数吓倒，不要把这件事当成"责任"。目光放远一些，赋予这件事以意义，比如：看到东西归放齐整的壁橱，你或是你的孩子是开心的。

你会对自己的高效大吃一惊！

第二十三章

紧张：人非岩石的自然反应

让自己"平静"，意味着将自己从体验、感受中抽离出来。

前段时间，我的生活几乎要被肚痛拖垮，我去看了医生，并做了一系列检查，未发现任何功能紊乱。医生断然诊断道："是您太紧张了。"这是换一种说法表示错误在我。可是，我哪里错了呢？

"紧张"一词是万能的，但我不太理解它。我们对所有自己不喜欢的，或更确切地说，所有我们不想面对的——有情绪、焦虑、愤怒、失落，通通用紧张一词搪塞过去。和倦怠一样，紧张也是一个混成词，大概用起来方便，但肯定有欠妥帖。有了它，我们不愿再花时间理解发生在我们身上的事情，不想再费神推敲恰当的词语以描述我们的体验和感受。

第二十三章 紧张：人非岩石的自然反应

是感到有压力，还是感到激动？是因亲人陷入麻烦而忧虑，因朋友患病而悲伤，还是因工作激增而疲惫？是恐惧吗？假若我必须当众发言，我对此担心是合理的，这种心态对我有正面影响，紧张会让我处于积极的、有益身心健康的压力状态中。但在拿起话筒之前，我感到肚子痛，这是因为我紧张吗？还是因为我有一件对我来说很重要的事情要宣布？

紧张是机体的自然反应，人类和其他动物甚至植物都会产生紧张。面对刺激——环境、思想、回忆、情绪，紧张是我们身体做出的第一反应。由于紧张，肌肉（在植物那里是纤维）、专注力、注意力、记忆力等受到刺激，继而做出反应。

倘若生来是一块岩石，我就不会紧张。可我是人类。不，我不是"紧张"：我是太过敏感；我深受感动；我怏怏不快；我心情激动；我精疲力竭；我烦躁不安；我压力重重。如果不对这些事实命名，如果执意使用已经不再有具体指涉的"紧张"敷衍过去，我便触及不到这些现实，也不会产生相关意识，无法在下一个阶段克服它们。

如果听到别人对你说"你紧张了"，你不要有负罪感，因为错不在你。为什么会紧张？是因为你太把事情放在心上吗？是因为你想努力做到最好吗？你是高敏感者，心无旁骛地做事是你的力量所在。我可以换一种说法：如果我们不在意，我们就不会紧张，也不会被动员起来。所谓紧张，即苛求自己认真参与，把事情做到极致。设想一位喜剧演员能够不怯场地登台，或我们中的任何一位可以不带一丝焦虑地赶赴重要约会，这是不切实际的，假想中的人物模型也不可思议。上述假设仅是一种让我们紧张的无稽之谈，一个遮蔽你的问题、否定你的问题的无耻谎言。

你紧张，是因为你坚决要求自己做到最好，你的声望便源于此。如果一名医生或一名飞行员遇到困难，撒手不管，那他们会让我惊恐不安。人们告诫你不要紧张，或管理好你的紧张，让自己平静，保持淡定。让你量化自己的紧张程度——"我高度紧张""我稍稍紧张"……这种劝导庸不可忍，而且还那么地不近人情。

不要平静下来！你又不是受机械压力驱使的蒸汽机；幸运的是，我们远比一台机器更微妙、更复杂。不要被"管理紧张"的呼吁忽悠，这种虚假的自我管理已成为一种特殊的意识形态，迫使我们在罪恶感的重压下卑躬屈膝。不是想象平静便能做到平静：让自己平静，只会让你回避你正在经历的体验，绕开正在对你起作用的人或事，而这并不有益于身心健康。若你在投身新任务之前感到焦虑，那就认清你的焦虑所在，主动接受，敢于面对，必要时与焦虑对话。焦虑是可贵的，因为它能促使你以高标准完成任务，这是你不同常人的地方。

我不责怪所有使用紧张一词的人，毕竟他们是我们所处的意识形态氛围里的受害者。但请你在说紧张的那一刻，花

第二十三章 紧张：人非岩石的自然反应

几秒钟的时间去避开这个单词：我并不紧张，而是太过激动；我很担心；我受到了不公正的对待；我高敏感；我负荷过重。这样，你已经摆脱负罪感了，甚至不再那么紧张。

你感觉自己无法控制局面吗？"无法控制局面"的反义词是"让事情有条理"。对发生在自己身上的事情加以识别，你才能掌握情况，并对症下药。你太过激动吗？或许，你需要给朋友打电话或出去走走，平复心情。不要紧张：接纳你的焦虑、你的悲伤，这些是人性带来的恩惠。内心澎湃，因为你是人类。将感受进行命名，你便可以找到恰当的应对方式，你会为自己人性中的异彩纷呈而欢欣鼓舞。如果只满足于紧张的表达，你则会因这样的人性而感到内疚。

性格里的高要求，正是你的美丽、你的尊严所在。继续倾听它的声音，继续为它命名，赋予它形式，对生活怀有抱负，投身进去吧。

谨 记

紧张是一切生命体的自然反应。

紧张已经成为一个无所不包的单词，它妨碍我们观察自己正在经历、体验的事情，阻止我们审视正在对我们起作用的东西。它让我们无端内疚。

"缓解紧张"不是让自己平静,而是借助智慧去理解发生在我们身上发生的事。使用最贴切的词描述自己的经历,你才能有的放矢地治愈自己。

你并非紧张,而是焦虑、害怕、不堪重负、意乱如麻。因为你是人类。

▎尝试与体验

"我紧张",这句话张口就来。

请将它移出你的词汇表,并用自己真切的感受代替它。

你要敢于说:我觉得疲惫;我的内心受到了伤害;我紧张不安;我感到焦虑……

在分辨这些情况的时候,你已经获得了解脱。

认清自己的感受,便是赋予它存在的权利。

第二十四章

蜘蛛侠：一个和高敏感有关的美丽隐喻

重拾高敏感的力量。

在对高敏感进行调查期间，如果不是因为埃里克·萨弗拉（Éric Safras）给我发邮件，我就会错失一条关键线索。

埃里克自小就喜爱蜘蛛侠（Spider-Man）——美国漫画里最受欢迎的超级英雄之一。我很好奇这种兴趣从何而来，埃里克乐意向我解释："我以前在学校很腼腆，常常一个人待着。不知不觉，我向一个高敏感的虚构人物靠拢。他和我聊天。我酷爱这个人物，也是他的狂热收藏者。"于是，我再次走进蜘蛛侠的故事，并重新发现了蜘蛛侠细腻的一面。他让我意识到，生活在条条框框里，保持不适应是最好的方式。

蜘蛛侠是一个和高敏感有关的美丽隐喻。1962年诞生于斯坦·李（Stan Lee）和史蒂夫·迪特科（Steve Ditko）笔下的蜘蛛侠,在他的家乡美国属于非典型人物。6岁丧失双亲,由生活并不宽绰的伯父伯母养大,这个瘦弱男孩高1.75米,体重72千克,和"美国式的"标准体格相比,块头不大。小伙子上了高中,郁郁寡欢,非常敏感,是班上大男孩们的欺辱对象。他极为害羞,几乎不敢靠近心仪的女孩;后来,伴随接二连三的失落,他和未婚妻的关系一波三折。所有的超级英雄都是孤独的,蜘蛛侠也一样,甚至比他们更孤独。

蜘蛛侠的真名是皮特·帕克(Peter Parker)。他有这样一个秘密:被一只放射性蜘蛛咬伤后,意外获得超能力。除了力量和敏捷性,他还拥有了"蜘蛛的感官",一种强烈的第六感,即可以远远"感觉"到正在酝酿的危险。在高敏感者那里,我们称其为高度发达的触角。和大多数高敏感者一样,此等天赋让蜘蛛侠与他人、社会格格不入,他难以融入日常生活。被赞美也被嫉妒,但同时,他自己也感到害怕。

在前几集里,蜘蛛侠设想利用这种天赋谋生,依靠它救济贫困的养父养母。在缺少后勤支援的条件下,他独自在角落里缝制蜘蛛侠衣服和与之相配的饰物(以掩饰真实身份)。但他始终与自己拉开距离,对自己持有怀疑,对自己的能力有所保留。不过,天赋只有在得到承认、发展,并在起作用的情况下,才能产生益处。如果人们漠然对待他们在音乐、绘画或数学方面的天赋,或只限于知道它的存在却不加以训练,那么,天赋也会付之东流。

第二十四章 蜘蛛侠：一个和高敏感有关的美丽隐喻

一场悲剧给蜘蛛侠上了一课：他本可以拦下入室盗窃者，并把恶人带上法庭，但出于疏忽、蔑视，任由歹徒逃之夭夭了。不久，养父惨遭毒手，害人者正是这名潜逃的盗窃犯。面对此等惨剧，极度敏感的蜘蛛侠深受震惊。他意识到"能力越大，责任越大"。他开始接纳自己，服务他人，于是成为大众熟知的超级正义的守护者。

其实，这是一个很普遍的故事。得益于一种能力，英雄们表现出过多的情绪——高敏感者的一大特质。他们被情绪吞没，想要挣脱束缚，因为后者将世界毁坏。他们拒绝被吞噬，选择起身发出"不"的声音，并创造人们误以为不存在的新可能。他们在自己强烈的敏感性中汲取力量。

"在这座岛屿上，我是荒漠里的呼喊声。这就是为什么你们必须认真听我说。这个声音告诉你们，你们残暴地对待无辜种族，犯下了大罪。难道他们不是人吗？难道他们不是人类吗？"这段话出自16世纪圣多明各多明我会修士安东尼奥·德·蒙特西诺斯（Antonio de Montesinos）——一名高敏感者、一位超级英雄。他对一个世纪以来征服者屠杀土著居民而公众漠不关心、教会给予祝福的事实感到愤慨。蒙特西诺斯打破规则，即在非常程式化的弥撒讲道期间，发出如此呼喊。这件事引起轩然大波。虽没有蜘蛛侠的行头，而且也只是一位无名小卒，但该修士敢于发声，是因为他有蜘蛛一样的感官，能够看到其他人视觉所不逮之事。

他的呼喊震惊了一起做弥撒的信徒，他们的眼界由此被打开。在此之前，人们并不知道蒙特西诺斯的高敏感意味着什么。信徒们拒绝把他送至国王警卫处。蒙特西诺斯的呼声传到了另一位高敏感者——巴托洛梅·德拉斯·卡萨斯（Bartolomé de Las Casas）的耳中，后者是征服者的随从神甫。若干年后，从荒漠传来的声音终于让人们认识到：土著居民有生而为人的尊严。

我曾在一次董事会会议上目睹过类似的一幕，当然，它不能与上述事件的影响相提并论。与会者需要审批一些已经是板上钉钉的事，但其中一位提出反对意见，他认为这些决定对职工不公平。他忍受不了。他的情绪和真诚战胜了程序里的冷酷无情。

我们比以往任何时候都更需要高敏感者的英雄主义。因为他们拥有"蜘蛛的感官"；因为他们可以在自己体内的每一根纤维里感觉到"事情不妙"；因为他们有能力像蜘蛛侠一样，与厄运打交道，反对一切凶暴和世界的不人道。

过去，他们是谴责奴隶制的人。今天，这些观察者、活动家是第一批"看到"由规则的盲目性导致我们社会以及星球蒙受损失的人，而且有勇气力排众议，告诉我们："停，够了！"他们开启了一种反抗方式，这种反抗并非出自逻辑或理性分析，而是源于深刻的、发自内心的介入[1]

---

[1] 法国20世纪存在主义哲学家让-保罗·萨特（Jean-Paul Sartre）尤其强调"介入"，即对现实问题表明自己的态度，并积极采取行动，干预生活。

第二十四章 蜘蛛侠：一个和高敏感有关的美丽隐喻

（engagement），随后由思考提供滋养和启迪。那些严词谴责"人类-暴君"的残忍行径的人，是我们这个时代的未来。

他们是"激进"的活动家，参与保护环境，捍卫动物、儿童以及成人奴隶们的生存尊严，后者正被囚于工厂为我们制造舒适的用品。活动家们挺身反抗，他们怒骂着、呼喊着，他们反应过度、不同凡响。他们呼吁每一个人都要高度敏感，要在拯救人类这一宏伟的计划中量力而行。他们的人道主义行为改变了我们的世界。

他们曾是这样的孩子：在操场打破默契，去安慰受欺负的同学，其他人因此责怪他，不理睬他，或许要孤立他，但在安慰受伤的伙伴时，他没有顾虑到这些。他们也是这样的人：在人行道上，他膝盖触地，扶起老太太，而其他人对此不屑一顾，匆匆赶路。他们的力量往往杯水车薪，不过是在为一项超越自身的宏伟计划添砖加瓦，即我们对人类未来的集体计划。

蜘蛛侠不同寻常。他和别的人不一样。日常的英雄人物也非同一般。另外，正是这种特殊性解救了他们，也解救了我们每一个人。埃里克·萨弗拉对蜘蛛侠了如指掌，他非常肯定地说道："如果蜘蛛侠不够高敏感、细腻或腼腆——社会误以为这些是缺陷，他可能变成一个杀人机器。有了这些品质，他才能在一切战斗中游刃有余。所以，他成为一名真正的英雄。"

蜘蛛侠，以及除他之外我所知道的所有高敏感者，均位于伟大的神话人物之列。这些英雄也都带有"阿喀琉斯之踵"，不过，这一缺陷有助于他们征战，有助于他们在别人失败的地方得胜——宗教史学家乔治·杜梅齐尔（Georges Dumézil）提出"能够获得力量的伤残"一说[①]，即能够带来巨大力量的缺陷或伤残，后者使他们成为真正的超人。

独眼神奥丁（Odin）失去一只眼睛，作为补偿，他能清晰地看到所有人的苦难。他比其他人"感受"得更多，因为有两只渡鸦会把世上的一切讲述给他。由于这些才能，在斯堪的纳维亚众神中，奥丁被赋予多重职能——他是胜利之神、知识之神，也是魔法师、诗人、先知的保护者。

独臂神提尔（Tyr）为取信于巨狼，牺牲了自己的手臂[②]。在日耳曼万神殿里，提尔代表公理和正义，与混乱或欺骗势不两立。这些品质和高敏感的关系是多么紧密！

我还可以列举凯尔特的努阿达（Nuada）、印度的娑维陀罗（Savitr）和跛伽（Bhaga）……以及我们知道的仍在青

[①] 譬如，凯尔特神话里，国王努阿达（Nuada）在一次战斗中失去右臂，医神迪安·凯特（Dian Cecht）遂为其打造银臂一只。于是，伤残处成了超能力所在。——译者注

[②] 巨狼名为芬里尔（Fenrir），系北欧神话里的凶残野兽。诸神用罕有之物打造出一条如丝带般柔滑的锁链，以使巨狼就范，猛兽将信将疑，提出要有一位神将手放入其口中，担保它的安全。巨狼随后发现再也无法挣脱链条，一怒之下，咬断神的手臂。——译者注

第二十四章　蜘蛛侠：一个和高敏感有关的美丽隐喻

少年和儿童的万神殿存在的神，即各类漫画、连环画里的英雄们。奥贝利克斯（Obélix）力大如牛，却也非常害羞，格外敏感；寒羽良（Nicky Larson）始终被自己的情绪吞没……他们都有自己的细腻之处，带着幽默和古怪，向你展示怎样大放光彩。高敏感不是阻碍，而是伙伴。

最不可思议的是，我们虽然对英雄故事感触颇多，而一旦回归日常，我们便会忘记他们的话，仍旧认为自己的特殊性是一种过错。

不要给自己横加条条框框，即便没有蜘蛛侠的穿扮，你依然可以拥有"蜘蛛的感官"。

谨　记

倘若不是因为高敏感，英雄便不会成为超级英雄。这种高敏感表现为：他们有能力，有禀赋看到别人难以看见的东西。

超级英雄们的冒险旅程成为今天的神话。他们在教导我们如何完成一项在今天看来极为重要的任务：与我们的高敏感和解。

高敏感是一种重要品质，它能帮助我们应对生活里的困难，更宏大的意义上，帮助我们应对整个社会所面临的困难。

尝试与体验

不要克制你的高敏感，因为它是你手中的金线。拒绝它，等于丢掉自己的细软。

你很腼腆，或容易紧张不安？你所谓的缺陷，有力量隐含，你要去探寻一番。

其实，当有人做伴，发生的一切都逃不过你那尤为敏锐的感官。

无须自责，无须深陷胆怯、不安，无须由此心烦意乱，你要让自己充分发展，探索这些已呈现出来的资源。

它们是你发挥创造力的非凡起点。

第二十五章

恋爱：涌现生命觉醒的力量

由高敏感带来的4种美好。

高敏感远非少数人的专利，每个人在生命中的某一刻都可以变得高度敏感，比如，遇见丧事、撞上危机、感到脆弱……或是，坠入爱河。我们一下子就进入了那种状态，毫无保留地敞开心扉，赤诚相见，接受一切；顿足间，透着焦急、渴望、兴奋、害怕、情绪化、高敏感；同时，叠加着幸福、欢欣、焦虑，担心自己没有达到对方期待的高度。我们游离出日常状态，脱离了起着监管作用的过滤系统。

坠入爱河是一种极端的高敏感体验：恋爱中的人，因秩序的改变和参照物的缺失而受到震撼和触动，犹如触电一般，同时也被颠覆、被销毁，失去稳定性。失去了参照物，她或他便偏离了日常的轨道。生活变得光芒交织，不再普通，不再平凡。她或他猛然发现，有4种美好正在他们身上展开，这些也是所有高敏感状态呈现出的特征。如果不去探索一次就太遗憾了。

第一种美好：你感觉自己充满生命力

你似乎觉得，此前自己从未真正活过。过去的你身处一片晦暗；突然间，一个真实的、流光溢彩的、热气腾腾的世界向你敞开。介于理性、情感、身体、感官之间的人为屏障被撤去了。一切都在互相碰撞，你恰好充满活力，你周遭的万事万物也欢腾热闹。过去笼罩你的是寒冬，现在你发现了春天。过去你在沉睡，现在你苏醒了过来。一股香气、一剪侧影、一段音乐、一个句子都能拨动你的心弦，你的思想和意念汹涌而来，接踵摩肩。你在观望，这是对的，因为你拥有一切可能，你感受到盛大的欢欣。

第二种美好：一切和你相关

你已经摆脱内心的桎梏，你自由了，并向世界敞开自己，而且这种存在的延展感是无边无际的。你漫溢出整个宇宙。走在街巷，阳光洒在你身上，你觉得仅仅看到阳光还不够，你很在意它，阳光不是一幕景象，而是一位朋友，你和它聊着那位心上人。骑自行车的小孩擦肩而过，你看到的不单单是孩子，更是自己的童年，那段时光就在眼前，正冲你微笑，正摇撼着你。为了保护自己，你曾设置的层层屏障、

第二十五章　恋爱：涌现生命觉醒的力量

护目网[1]现已不复存在。敏感性在沸腾，触角在伸展，心在扩张，一切在你看来都是有趣的，一切让你感动，一切都在唤醒你，一切令你震惊。你有高度的共情能力，他人的微颤也晃动着你的心。你的思想不断被他人的存在牵动，仿佛处在世界上另一种存在模式里，不再受现实逻辑、智力或大脑的控制。按平日生活的惯例，没有控制会让你害怕。从现在开始，它是崇高的，你接受了它，并要求拥有它。你不再有均衡感：一个词，足以点亮并彻底改变一天。但丁在《神曲》（La Divine Comédie）中讲述到"感动天空、震撼群星的爱情"。这是爱情诗意的一面，近乎魔幻，也是高敏感的另一面。

第三种美好：你的心在歌唱

你也在一展歌喉，浅吟低唱，你有心事要说，你想开口，即使说不出什么。你的心是盈满的，你感觉自己坐拥一座无与伦比的宝藏，想和别人分享。一种不可抗拒的渴望攫住了你，你渴望表达自己，否则要被强烈的感受压垮。你走出自己的保护区，听凭其他力量裹挟。你走出周遭的庸常，看到了一个更美的世界，最小的细节都在你的感觉范围内。你受到触动，感到震惊，你怔住了，你感受着，你产生了共

---

[1] 护目网（œillères）即古代钢盔上的护眼网罩，作战时保护眼睛不受伤害。——译者注

鸣，你与一切存在共情。周围万事万物都在歌唱，而你也变成了一首诗、一段歌谣以庆祝生命。你是歌德笔下的维特，他确信："我在思绪里沉沦，我对壮丽景象的力量俯首称臣。"这是一句关于爱情的写照，却也道出了高敏感的所有内容：我们被各种情感淹没，被太过溢漫的情绪吞噬，我们做不到对他人的出现冷眼旁观，我们惊叹不已。我们反应过度……

第四种美好：流泪的幸福

眼泪是一种真理，一种深刻的物理及身体方面的事实，一种为你注入活力的内在知识。你在恋爱时，流泪意味着过多的情绪在泛滥。泪水说明不了悲或欢，它反映的是你的眩晕程度，讲述的是你难以言表的内容。泪水是你与自己、与自己内心和解的象征。那些泪水是丰厚的、饱满的、强烈的，请你不要抑制它们，更不要责备自己，允许眼泪涌现出来吧。流泪的时候，你会发现自己正在变得羽翼丰满，正在拥有触动自己的驱动力。泪水成就了一件大善事。

恋爱提供了一种力量，这种力量源自自身生命的觉醒。因为你充满活力，重新和世界有了关联，你终于触及某些真实，渴望表达自己。而我始终在想：为什么大家向往爱情……与此同时，要对爱情的孪生状态——高敏感心存疑虑？

第二十五章 恋爱：涌现生命觉醒的力量

高敏感者有幸可以一直活在4种美好中。当然，这并不总是惬意的，不过是那么振奋人心！重拾对这种生命强度的信心吧。多少人是借助浪漫电影、小说、诗歌，穷尽一生地去寻觅它。而对于你，它每天都是触手可及的，它每天都能让你触及崇高。

带着这4种美好，你有一张王牌：你知道如何轻而易举地获取幸福。

谨 记

恋爱的状态和高敏感的状态有许多共同点。

它们不一定是舒适的，却是生命最美妙的状态。

恋爱，不是麻烦。高敏感，更不是。

两种状态唤醒4种美好，它们是生命里的盐：美丽、真实、富有活力、恰如其分。

尝试与体验

你可以在生命中的任何时刻进入轻微的恋爱状态，它会带你走入4种美好。即使是和一位非恋爱对象的朋友在一起！

给自己几分钟的时间，去感受这个人对你的触动有多大，这不需要理由。

你想告诉对方，你喜欢这个人。很简单的一句话，但你有些难为情。

拾起你的勇气，说出你的心声。

允许你的高敏感涌现出来，即使你感觉奇怪或不舒适。

你和自己以及他人的关系将得以改变。

试试看，这是值得的。

第二十六章

亲密关系：不再羞愧于自己人性的一面

高敏感者的幸运之处：探索、发现、感受。

我显然不是要谈论低俗荒诞的虚构内容，我要说的是亲密行为的全部。认为它和高敏感无关，那是痴人说梦：倘若没有足够的强度，没有信任，没有双方对自己的人性、烦恼、眩晕感、情绪和高敏感的接受，这件事就不会发生。

为什么肌肤之亲既令人惶惶不安，又能让人心甘情愿地接受？就此问题，我从史诗人物奥德修斯（Ulysse）——特洛伊战场上的英雄那里，找到了最美的答案。

荷马在《奥德赛》（*Odyssée*）里讲道，奥德修斯要返回伊萨卡（Ithaque）与妻子佩涅罗珀（Pénélope）重聚，一系列极端的、奇妙的、匪夷所思的冒险点缀着漫长的返乡之路，这些意外事件打破了不同世界的界限。

其中一段旅程把他带到郁郁葱葱的俄古癸亚岛（Ogygie）——仙女卡吕普索（Calypso）居住的地方。卡吕普索代表绝对的美，与她所在的海岛的完美性相称，甚至更胜一筹。诸神对她无不倾心，而女神唯独爱上了凡人奥德修斯。后者并非没有七情六欲，他在女神身边长达7年之久。荷马在作品里带有保留地影射到，"他们来到岩洞深处，在那里一起生活，沉浸于欢爱"。

然而，奥德修斯内心感到一处空缺——情感的深度，这是他与妻子佩涅罗珀所拥有的。于是，他决定离开。卡吕普索试图挽留，因为她是那么痴爱奥德修斯。纵然女神许诺他永生，奥德修斯也毅然拒绝，"请原谅我，最美的仙子，我知道这一切，贤惠的佩涅罗珀断然不可与你的容貌和体态攀争，她不过是一名凡人，而你盛颜久驻，永生不老。即便如此，我一直久盼与渴求的，仍是返回故乡，重见妻子"。

奥德修斯舍弃了一种世界，在那里，一切是舒适的、容易的。而他更愿意继续与任何高敏感者都有的纷乱为伴——紧张、欢笑、泪水、忧愁、怒火、反应过度。他选择艰难险阻，选择必死的命运，选择苍老的妻子。这确实有些出人意料。我们继续往下看。

多年之后，奥德修斯终于返回家乡，再次见到自己的妻子。事实上，和卡吕普索相比，佩涅罗珀既不美丽也无权力。但奥德修斯却发现自己深爱着妻子。荷马讲述道："他们沉浸于交谈的酣畅，相互诉说着各自的过往。妻子高兴地

第二十六章 亲密关系：不再羞愧于自己人性的一面

听着,等丈夫言尽,她才肯合眼入睡。"

奥德修斯做出了合乎人性的选择,他选择深刻的情感。这种情感带有故事,蕴含风险,但也包含共担风险的伴侣。奥德修斯证实,亲密行为是存在的一个维度,值得被承认。一次高敏感的体验唤醒了我们所有的官能及触角——情绪方面、智力维度,当然还有感官层面。

奥德修斯本可以与神并肩,但他更愿意做一名凡人,经历人世,体验人的情感,这才是人类的真理。许多人梦想陪伴卡吕普索,但奥德修斯明白,卡吕普索远非亲密关系的全部,因为后者是一场冒险、一种风险,它让人惊异不已、心旌摇曳、情绪万千、逍遥自在；它为绝对的真诚提供住处,那里有浓郁的人间烟火,与其说它是完美的,不如说是合乎人情的。

荷马讲述的内容与我们媒体上的叙事相去甚远。后者将其简化为若干可量化的时刻、统计数据以及平均值。但在荷马的叙述里,它让个体的生命更加鲜活,不再如此空幽或抽象。从本质上讲,亲密行为即高敏感的行为。

高敏感者比其他人更知道这一点,即身体、智力、情绪是统一的,他们能够摘下面具,敢于冒险,敢于走向未知。碎片化的、含混的真实空间在未知中形成、展开,它不再让人痛苦,而令人惊心动魄、精神振奋,这和在高敏感者身上沸腾着的反应过度相称。

一种辐射全身且难以名状的感觉会带你越过已知的界

限。如果能够做到坚信不疑，不再惶惶不安，你会更好地把自己托付出去。

不要对你人性的一面避犹不及，这是一件礼物、一份殊荣。相信它吧。

谨　记

允许高敏感表露出来，是亲密交流的条件。

亲密关系教会我们要与高敏感和解。史诗里的奥德修斯给我们上了一堂伟大的课：不要再羞愧于自己人性的一面。

尝试与体验

和伴侣慢慢探索亲密关系。

要对这段关系有安全感，坦诚相见，走出条条框框——这些限制不仅让我们感到窒息，更为关键的是，让我们对自己的敏感、情绪、无意识失去信心。

第二十七章

冥想：在平静中感受世界，与自己和解

不要责怪大海掀起波澜。

大约30年前，在我第一次进行冥想时，我终于感受到了存在感。我不再需要通过做任何事，甚至无须平静下来，而只要一个人待着就好。那一天，我发现自己能够和我的高敏感相处，能够沉浸在我的思想里，我受到触动，悲喜交加，虽然那个不舒服的姿势让我腰酸背痛。冥想让我以一种深刻且彻底的方式接纳了自己，如释重负感扑面而来。在我的第一位启蒙人F. 瓦瑞拉（Francisco Varela）的引导下，我学会重新生活，仅此而已。

斗转星移，在时代潮流的裹挟中，我采用了另一种普及广泛的冥想方式。我突然被告知，冥想的目的不是为了做自己，而是要达到一种特殊的平静状态。为此，我必须学会照看好我的情绪和思想，假设它们掠过脑海，犹如云层穿过天空,直到天空将所有的积云涤荡。然而,我的天空从未放晴。冥想,成了一种较量,而我没有得胜——高敏感者从来做不到这一点。我越是冥想,越是感觉糟糕。越实践,越受打击。我的生活在萎缩。我责备自己没有"成功",我对自己失去了信心。

我已经忘记,冥想曾经可以舒缓我的情绪,让我将恐惧抛掷脑后,去触及一种比恐惧更宏伟的东西。而自从采取新的冥想方式,我完全处于受挫的状态。在我看来,这种冥想弊大于益。

后来,带着疑问与困惑,以及对时间、存在偶然性的思考,我重温自己学过的第一课。有人说,冥想是无条件地向我们原原本本经历的一切敞开心扉。它是一项事关倾听与接受,也是一门与敏感言和的艺术,尊重自己的敏感,留予它空间,不要对其评判或排斥,也不要责备自己。

为什么我对如此简单的事情失去信心,而且还要通过冥想对我内心深处的高敏感发难?我回想起最初的几位老师,我和他们在一起冥想时,我没有把思绪视作流云,而是允许自己用整个身体感受它们。我没有将自己和体验隔绝开;相反,我走近体验,直至完全融入。我在与体验的接触中安定自身。

这一种由专注和存在构成的冥想空间,我决定从根源处重新与它建立联系。在这个空间中,我不再责难自己的弱点,而是更深入地接触它们,并从中酝酿力量。我撤下一切

第二十七章 冥想：在平静中感受世界，与自己和解

计划、一切目标，重新开始冥想。

冥想，即与自己和解。这是一个常识性的态度，它能够使我们锚定自己，更坚强地面对问题，转化困难。今天，一位朋友不客气地批评了我，我因此受到伤害。这一幕在我脑海里挥之不去，我想不明白。试着"将大脑放空"纯属空谈，用吸气、呼气控制自己也并不奏效，因为我的思绪不会仅凭我的意志力就能得到"清空"。此外，体会自己的感受是无可厚非的，我无须把自己的感受抹去——意识到这一点很重要。即便情绪来得不合时宜，我也无法通过隔离情绪来抑制它，我毕竟不是机器人，而是一个拥有情感、情绪、感知以及主体性的人的存在。

"平静"的对立面是"爆发"。摆在我们面前的，仅有两个选择：压制怒火，或让它爆发。我的老师向我传授了第三种完全不同的方法，即让自己坐定，犹如在用显微镜观察自己的感受。不要向感受发问或进行评点，而是仅仅以一种开放的、善意的态度客观地进行探索。没错，我的内心受了伤，而且我感受到了自己情绪。

首先，我允许自己感受这种情绪，即使它并不讨人喜欢；然后，我对它进行圈定：我是在身体的哪个部位感受到它了呢？我的喉咙里，我的胸膛里？它的质地怎样？颜色如何？红的还是黄的？它是尖锐的、激烈的、发烫的吗？总之，我不回避它，相反，我最大限度地走进我的体验，我向它请教问题，勇敢地和它相遇，而不是逃避。

随后，我才能下定论。这真的是愤怒吗？或者，更多的是恐惧、忧郁或羞耻？在我继续往前迈步时，我发现，情绪对我的重压已经减轻了许多。我承认它，命名它，接受它，允许它存在。于是，它不再萦绕于心。我如释重负，感觉好很多。它可以离去了。

最后，我重新回到身体层面，在场的身体是我进行冥想的根据地。我上了岸，我接受自己原原本本的样子。为了更好地锚固自己，我可以对我周围的空间进行感受，也可以感受我的呼吸，感受身体与垫子或椅子的接触——如果我们愿意，我们也能坐在椅子上冥想。我打开我的感知场，置身于此时此刻，而不把注意力放在我的问题上——它往往已经构不成问题了。

冥想不是内省，也无关思考，而是需要感受。感受过后，我才会知道应该怎样行动。我要和这位朋友谈一谈吗？告诉它我感到愤怒？要翻篇吗？我必须首先听一听这股怒火在向我传达什么……

高敏感者始终怀有强烈的情绪，不能平静并不是他的错。高敏感者不能强迫自己平静下来。敏感，意味着我们对无比丰饶世界敞开了怀抱，这不是缺陷；情绪也不是重负，而是一份礼物，它让高敏感者与世界、与他人结下情谊。但如今甚嚣尘上的冥想方式否定了我们的存在，这极为危险。无论怎样，其结果都是灾难性的。

在我主持培训活动时，常常有冥想幸存者前来投奔：因

第二十七章 冥想：在平静中感受世界，与自己和解

为他们从自身的体验中脱离了出来，而没有进行探索，所以受到了冥想的伤害。过去同样遭受此劫的我非常理解他们。现在，依然有治疗师过来提醒我：某类意识操作其实是有害的，这种实践的唯一功效在于斩断个人情绪——因为他们太想让自己平静了，于是把问题塞在地毯下，藏掖起来，加以掩盖。而问题并不会凭空消失：它们继续产生影响，并升级成了障碍。

我曾在一次研讨会上接待过一位女企业家，两个月前她刚刚卖掉自己的公司，还未从中恢复过来。如今落魄为公司雇员的她，对过去犯下的错误耿耿于怀。我陪她一起冥想，体察她的感受。我帮助她审视她的挫折感、焦虑以及恐惧。在直面并质疑这些问题之后，她意识到，让她感到遗憾的并不是这次变卖，也不是她的新身份，而是曾与合伙人维系的搭档关系不复存在了。过去，他们每天沟通交谈，共同作出决定，一起接收好消息、坏消息；而现在只剩下她自己。女企业家舍不掉的，是二人勠力同心的状态，除此别无其他眷念。

不要责怪大海掀起波澜，不要埋怨吹过的风，不要因树木生长而失望：这便是冥想教给我的道理。热爱生命吧。

谨　记

任何冥想形式，以及更广泛意义上的技巧或方法，若使你对自己的情绪产生反感与内疚，毋庸置疑，它们对你没有好处。

无论你选择哪一条道路，你都应该得以与自己和解、自洽，活出自己的样子，拥抱你的情绪，接纳你的矛盾。

冥想、生活，无关平静，而只在于是否与自己和解。

▍尝试与体验

与自己和解，是一切冥想形式的入口。

不要想着自己接下来要践行某种理念，你只管坐在椅子或垫子上。你终于自由了。

你在听、在看，你的身体产生了紧张，或许你要生气，或许你感到痛苦。

不要抵抗。

对你察觉以及感受到的一切，道声

第二十七章　冥想：在平静中感受世界，与自己和解

"Bonjour"（你好），因为它们有权存在。

花费必要的时间，慢慢进入这种体验，倾听自己内心的声音。

假若突然出现这样的声音——"我做不到""我想去干点别的"，那就简简单单承认它们，因为这些声音正是你此刻体验的内容。

这就是练习。

几分钟的时间打开了属于你的现实。

第二十八章
打开艺术大门的钥匙

过犹也及①。

在我13或14岁那年,父亲收到一件令他惊讶的礼物:两张古典音乐会的门票。但父亲对绘画、音乐等兴趣不大,在他看来,这些领域像是为文化程度高、懂行、特殊、不同寻常的人士预留的。想到和这些精英团体同处一个音乐厅,父亲觉得这很荒谬。

我不知道是什么力量促使我央求父亲带我去听音乐会。在那之前,我从未听过古典音乐,我知道父母忙于工作,但我觉得我必须要去。再三恳求下,父亲最终同意了。

---

① 作者在这里使用了文字游戏,原句"Le trop qui fait du bien"影射法文谚语"Le trop ne vaut rien"(过犹不及)。——译者注

第二十八章 打开艺术大门的钥匙

那天晚上,在如梦似幻的音乐厅里,我流了很多泪。自第一个音符响起,我便感觉乐曲在我心里一泻千里。我明白它在传达什么,虽然不清楚这是怎样发生的,也不知道是出于什么原因。我深受震撼,内心深处也在颤动。乐团的每一次停顿、每一个音符、每一处高潮都在唤醒我,都在表达我无以言表且难以体验到的真实情感。乐章席卷了我,它促使我更深入地进行感受,以前所未有的方式去震颤。我在父亲旁边,在茫茫人海中,体验着一种过度。这一次,我颇为受益,它赋予我难以辨明、难以道清的感受:一种形式、一个轮廓,我舒展着自己,满心欢喜。

有了这次不可思议的经历之后,我敢于一个人推开文艺世界的大门了。我喜爱绘画,但艺术修养的欠缺一直钳制着我的热情。我没有以专家的眼光欣赏画作,却能和画作中的人物产生共鸣:他们的姿势和面孔流露着悲伤、喜悦、恐惧、忧郁。面对他们,我好像在面对另一个自己。我很感激这些艺术画作,我的感受不仅有了存在理由,而且也得到了升华。

二十七八岁时,我受邀前往伦敦讲授冥想。会议持续了好几天,主办方安排我住在一位艺术史学家约翰·斯提尔(John Steer)那里。斯提尔年岁已高,70多岁的他有着长长的职业生涯。我开始频繁参观美术馆,但还远远不是专家。一天下午,他建议我陪他前往国家美术馆。

斯提尔对每一幅展出的画作肯定如数家珍。然而,他在每一幅作品前驻足的神态好像表明这是第一次见到它们。我原以为他会向我讲解专业知识,而他告诉我的只是画布上的图像。他还邀请我去端详它们。

那时我还很年轻,不免肤浅粗俗,我问了一个在今天绝对张不开口的问题。我问老先生,哪幅画是美术馆里最漂亮的。他不慌不忙把我带到提香的一幅作品前——《不要碰我》(Noli me tangere),画的是耶稣和抹大拉的马利亚①。我很惊讶,因为我们周围都是名画,而他指给我的这幅,是我觉得最没意思、最糟糕的作品之一。我的失望显然写在了脸上。于是,他向我解释道:画中的风景是真实的,树也是一棵真树,这个空间充满生命力;耶稣的手势耐人寻味,示意抹大拉的马利亚不要碰他,同时,他又对马利亚深情款款,以示迎接。我对这幅画的看法就此有了转变。面对提香这幅杰作,我体验到了自己未有过的最强烈的艺术冲击之一。

多年来,我不时到伦敦陪同约翰·斯提尔参观美术馆。在他旁边,我学会了用新的视角欣赏画作;学会带着我的所见、所感去冒险;学会仅仅通过对一幅画的观赏来改变自己。他没有传授我后来在大学里修读的艺术史,而是教我凭借自己的敏感去接触人类最伟大的瑰宝。

当我意识到我们与艺术的关系已经走向抽象、理性时,我感到失落。我们讨论艺术中的文化、学问以及话语,绝不

---

① 又译玛达莱娜,系耶稣医治好的妇人,虔诚的追随者。——译者注

第二十八章 打开艺术大门的钥匙

涉及艺术对生命、情绪、情感的教育意义。然而，一件艺术品就是一剂良药！最早下此定论的人士之一即亚里士多德。

他的分析基于这样一个令人惊讶的事实：戏剧、音乐表演，还有今天的电影，它们在接近尾声时，他发现观众的心情变好许多，他们变得欢欣鼓舞，充满生气，抱有热情。由此，亚里士多德发展出他的"净化说"。

他认为，任何作品都有宣泄功效。"宣泄"一词取其本意——希腊人的catharsis是指净化、清洁、纯化的行为。在《诗学》（*La Poétique*）里，他将我们今天所说的高敏感者描述为"狂热者、着了魔的人"，而且"人们看到他们在神圣的旋律下变得平静，每当他们求助于能使灵魂脱离身体的旋律时，都仿佛在那里找到了解药，并得以宣泄"。

他在《政治学》（*Politique*）中进一步指出："没有什么比音乐节奏和歌唱更能尽可能真实地模仿怒火、善意、勇气、智慧，甚至灵魂里的所有情绪，以及所有与之相反的一面。事实足以证明，仅仅叙述这一类的事，便可以在很大程度上改变灵魂的性情。"

作为该理论的继承者，弗洛伊德和荣格借用化学术语，探讨"升华"。该词在化学中是指固体未经过液体而直接转化为气态的过程。在精神分析领域，升华是指让不受抑制的情绪变得有价值。这一过程多出现在艺术或宗教实践方面，情绪在升华中走向轻盈，不再使我们存有心理负担，不再置我们于危险境地。情绪有存在的权力。

高敏感者往往担心自己被情绪左右，被它们吞没。对高敏感者而言，因为艺术的存在，各种情绪得以被认可、被接受，并获得解放，情绪有了属于自己的一席之地。这也意味着，痛苦、焦虑以及忧愁，自有它们的高贵之处，而且它们也早已被写入生命的契约。一段音乐、一幅画作、一部电影均有力量席卷我们，改变我们，将我们的情绪升华为和谐。

我设想会有这样一个美术馆：参观者佩戴的电子讲解器不是一个让他们被动理解作品的信息播报器，而是一个引导参观者进入真正体验的设备。参观者能够借此体验到一种经由欢腾继而使生命发生改变的冲击，他们也可以从中获得知识，因为知识不仅仅处于智性层面，而是首先属于感性维度的。

汉娜·阿伦特（Hannah Arendt）曾说："为完善对特定时期知识的掌握，观赏一幅画是有效的，也是合法的，如同用它遮住墙体上的洞一样有效、合法。"此言一出，当即引起轩然大波。她控诉"文化"一词本身已经"变得可疑"，她提醒世人，一部作品"最重要、最基本的品质"在于"经过时间的洗礼，依然能够给读者或观众带来感动与迷醉"。她说得非常正确⋯⋯

当你走进美术馆时，千万不要想着一览所有的画作！找一幅吸引你、触动你的作品，留予它时间，慢慢领受由艺术品触发的感动。这其实没有你想象得那样复杂。一开始，你或许犹豫不决，因为你不敢尝试，因为你受过的教育是计

第二十八章 打开艺术大门的钥匙

算、思考、讲逻辑,而从来不涉及感受。迈出第一步吧,倾听你的心声,你会惊讶地发现原来这很容易。

即便感到忧伤、愤怒,你也能被它们带往一个无限的空间。在那儿,你终将与自己和解,与你的人性言和。

谨 记

无论何类艺术作品,其存在意义均不在于增加我们的学识,而在于让我们产生好的感受。

艺术的净化力量首先得到亚里士多德的关注,后来由弗洛伊德和荣格继续探讨。艺术作品赋予敏感性以外形,并使我们与我们的敏感性和解。

借助艺术,我们为自己诸般情绪留出一席之地,并承认它们、接受它们。

高敏感是打开全世界艺术大门的钥匙。

千种困难、万般心绪,统统可以化解在艺术作品中。

尝试与体验

迈出第一步，推开一所美术馆的大门。

不要被人潮或目不暇接的作品吓住。

为了避开周遭人群，你可以挑选一幅受关注程度最少的作品，让自己沉浸在映入眼帘的景象里。

这儿的一盘草莓唤起你对奶奶的记忆。

那儿有一个你不敢尝试的温柔举动；一汪流露善意的眼神；一腔愤怒；一种对行动的召唤。

寄身于这种开放的体验中吧，它比你想象得要简单，却也极为真实。

第二十九章

豌豆公主：勇敢接纳自己的本色

为什么需要接受自己的脆弱。

很久以前，有一位王子，他想找一名"真正的"公主做妻子。王子走遍了全世界，寻访了几十位公主，但没有一个符合王子所说的"真正的"公主身份。

一番长途跋涉之后，王子闷闷不乐地回了家，因为他没有找到未婚妻。

在一个暴风雨的夜晚，有人敲响城堡的大门。夜已深，仆人们也已经歇息，老国王亲自下去开门。站在他面前的，是一位年轻姑娘。姑娘衣物尽湿，雨水沿着头发向下淌，流进鞋子里，又从脚跟溢出来。这一幕让国王怔住了。带着如此模样，她声称自己是真正的公主，希望在此歇宿。国王让她进去了。

安徒生发表这篇童话时年仅30岁，故事一开始便富有教育意义。首先，不要相信表象——我们常常忘记这一点。王子在旅行中见过许多公主，她们穿金戴银，衣着不凡，但没有一位能够让王子相信她们是真正的公主。

老国王很有智慧，面对一名湿淋淋、脏兮兮、孤零零且深夜叩击城堡大门的年轻女孩，国王没有把她拒之门外。或许，每一个人在自己内心深处都能活成一名真正公主的样子，因为每一个人都有能力与自己深刻的一面和谐相处。高敏感者有时看起来很迷茫、不安，以至于给人们留下不合常理的印象。他的奇特性让人们感到惊讶，甚至害怕。切莫只看外表。

王后——王子的母亲，来到丈夫身旁。王后听完这位年轻女孩的故事之后，热情接待了她。女孩不是说自己是真正的公主吗？对现实有深刻洞察力的王后便亲自准备一张床，供女孩留宿。她撤下所有的被褥，放了一粒小小的豌豆在床板上，然后用20张床垫铺在上面，接着又盖了20条鸭绒被。

第二天清早，王后问公主昨晚休息得如何。年轻姑娘面带疲惫，礼貌谢过主人的盛情款待之后，向他们坦言昨夜没有合眼："天晓得这张床上有什么。我躺在某个非常硬的东西上，全身硌得青一块紫一块！"王后说，只有真正的公主才会拥有这样娇嫩的皮肤。王子终于有了称心如意的未婚妻。据说，这粒小豌豆一直陈列在王国的宝库里。

我曾把这个故事讲给我的教子听，希望他能够接纳他的高敏感。教子当时很困惑：难道只是出于敏感，人们就可以成为真正的公主吗？答案当然是肯定的，而且不止一种方法。真正的公主带有真正的高贵气质。这个单词是什么意思呢？

首先，高贵是指一个人置身世界、感受世界的能力，而不是象牙塔里的自我封闭。

高贵也指一个人做自己的能力，他或她没有一直处在复现表象里。虚荣的假公主在敲门前，或许要擦拭身上的雨水，矫揉造作一番，当然还要带上护卫队；而真正的公主无须佩戴公主的面具，即使被雨水打湿、弄脏，她依然是一位公主。

假公主也察觉不到那粒压在20张床垫、20层鸭绒被下面的豌豆。即使感觉有异物，第二天早上，她依然可以装出一副好模样，对真相闭口不言。真正的公主不需要扮演她的身份。她感受到了豌豆，犹如感受到了豌豆所象征的世间苦难。面对苦难，她是开放的、敏感的，她不否认自己的脆弱。这便是高贵的标志。

我们必须汲取这则教训。真正的公主是独特的，她不同于王子所遇见的其他年轻女孩；真正的公主从不以公主身份为傲，她只是接纳自己的本色，接纳自己的高敏感。

美好的童话总会以王子偕公主步入婚姻殿堂收尾，不过，请你不要被俗套的故事情节迷惑。这篇童话还讲述了高敏感者勇气与力量，高敏感者不为规则束缚，敢于做不寻常的事情。

敬佩这位非同寻常的公主吧。她是那么勇敢、敏感。暴风雨来临时，人人有枝可依，她却在暴风雨里穿行，并有胆量叩响一座陌生城堡的大门，请求借宿！这是一位自由、果断的女性。她没有掉进常人所谓的公主形象的陷阱里，她展示自己真实的模样。这位公主很强大：只身一人，经受了所有留给英雄的考验，直至完成最后一步——在豌豆考验中胜出。她才是推动故事发展的原动力，而不是王子。

高敏感是你的力量所在。

谨 记

高敏感是高贵气质的一部分，且为每一个人所固有。这是一份待开掘的宝藏。

高敏感者有时会表现出怪异、陌生、令人不安的一面。我们要像好客的国王和王后那样，不以貌取人。正是在表象之外，他们看到了珍贵的人，即你内心那位真正的公主。

接受自己的脆弱性，不以自己的体会、感受为耻，这一点很重要。非凡城堡的大门将会因此开启。

第二十九章 豌豆公主：勇敢接纳自己的本色

尝试与体验

社会惯例已经让你学会沉默不语，压抑自己的情绪。是时候再学会表达它们了。

敢于表露你的怒火、激动以及感动。

但要以公主的方式，既率真自然且不失礼貌。一切大门都会向你敞开。

第三十章
远离让你不适的"吸血鬼"

吸人膏血者在真实生活中是存在的。

对捕食者来说,高敏感者是理想型的猎物,因为他们善良、坦率、真诚,信赖他人,毫无心机地分享自己的情绪,而且不会试图保护自己。当然,好在有高度发达的触角,高敏感者远远便能觉察到莽夫、坏人、挑衅者。然而,存在一类不容易被发现的捕食者——吸血鬼,高敏感者很难发现这类人邪恶的一面。

在真实生活中,吸血鬼是存在的,而且非常恐怖。他不是冷若冰霜、循规蹈矩的顽固之徒,我们在和这类人接触时,整体交流仍然可以保持在有礼有节的范围内。但与此同时,交流可以一下子变得正式,让我们觉得有距离感。这样的吸血鬼虽然不捕猎,却着实会令我们产生恐慌,因为他只关心自己的利益。不过,他也不是一般的、一心想把任务或复杂文件丢给高敏感者的利己者——高敏感者总希望把事情做得更好,不懂得拒绝。

我谈论的是另一种类型的吸血鬼。他知道适时献上殷勤,端出热情,营造亲密感,他也通晓如何建立信任。他在选中的猎物周围精心布置起罗网。高度共情、高度敏感的人不知不觉便会落入圈套,因为他们无心愚弄他人,想象不到竟会有人这样做。

我们通常称吸血鬼为"自恋的恶人"(pervers narcissique)。但这种称法有待商榷,因为那恶人丝毫不是自恋者——他不懂得自爱。此外,他对自己、对自己内心世界非常无知,以至于无力处理内心冲突,也无法从自身获取力量。他切断自己与自身的根系,所以需要他人提供滋养。他需要从别人那里汲取情绪、诚意,以及可以触动自己、卸下伪装、真诚做人的能力。吸噬他人,满足自己,以他人为中介,填补自己的空缺——这类恶人便是吸血鬼。正如萨特在《禁闭》[①]里的描述,吸血鬼"需要用别人痛苦维系自己的生存"。

高敏感者应该要意识到这类吸血鬼的存在——这是基本的教训,他们对我们构成了极大的威胁。当然,吸血鬼不能

---

① 《禁闭》(*Huis clos*, 1945)是法国哲人、作家让-保罗·萨特的戏剧代表作,"他人即地狱"的说法便源于此剧。——译者注

构成让我们生活在疑虑中的充分理由——而且高敏感者通常做不到这一点，除非以折翼为代价。但高敏感者必须提高警惕，因为吸血鬼的运作方式、狩猎体系以及让猎物沦为工具的想法，对我们来说极为陌生，而我们又非常愿意提供帮助……

对上述现象的了解能够帮助你避开它。当你发现有人正在你周围编织依赖纽带，当你开始觉得错在自己并因感情进展不顺产生负罪感时，这便意味着是时候舍掉这段关系了。

并不存在和吸血鬼发展关系的可能性。你只有一个出路——离开。吸血鬼是懦弱之流，面对强力，他不会试图反抗。

谨 记

高敏感者由于自身优点——富有同情心，懂得倾听，想要伸出援手，而更容易成为吸血鬼的囊中之物。吸血鬼正是利用这些品质，创造依赖关系。

吸血鬼用猎物的血气滋养自己的生命。他夺

第三十章 远离让你不适的"吸血鬼"

走对方所有的生命冲力（élan vital）[①]，并摧毁对方。

吸血鬼有捕猎技巧；这些雕虫小技可以很容易被识别出来。

如果一段关系让我感到不舒服，让我紧张不安、彻夜难眠，那我就选择离开。

尝试与体验

落入吸血鬼的陷阱时，你需要借助外力让自己解脱。旁观者看得清楚，而当局者迷：你处在一团与生活脱节的纷繁芜杂里，不易知道谁是谁非。

无论是一名治疗师，还是一位朋友，你都可以向他们讲述发生在自己身上的事，听一听对方的想法。

[①] 原文出现的"生命冲力"，是柏格森在《创造进化论》（1907）中提出的哲学术语，可以简单地理解为生命力、生命的冲动。——译者注

第三十一章

自恋：自觉地做自己是绽放生命的开始

你和你的高敏感真的遇见过吗？

关于自恋，我曾做过多年研究。它是我们这个时代的一大迷思，也是最被误解、最受打压的神话。

自恋已成为缺点的代名词——过于以自我为中心。但这种说法显然是对自恋的误诊。我们从别人那里得知，自恋者为数众多。其实不然！在各类规则当道的时运下，我们内心有苦楚首先是因为我们不够自恋，我们活在对自己深深的无知里。我呼唤自恋回归，原因在于自恋能与社会暴力相抗衡，而后者正在把我们压垮。

那喀索斯（Narcisse）的神话向我们讲述了什么呢？

那喀索斯是水泽仙女的儿子。他在成长过程中从未见过自己的模样，也对自己天然的状态一无所知。传说，那喀索斯容貌极美，而他不知情。在神话里，美丽不仅仅用来形容

第三十一章 自恋：自觉地做自己是绽放生命的开始

身体，也可以包含灵魂之美、存在之美。我们能够推断那喀索斯是一名"美男子"，但他不太相信。我们中的很多人都有类似情况：别人称赞你的美貌——事实的确如此，你却将信将疑，不予理睬，认为这是虚伪的吹捧。其实，当你近距离地、深刻地与自己坦诚相见时，你便能领会自己的美丽。

所有与那喀索斯擦肩而过的人，无论男人还是女人，都会爱上他，只是那喀索斯不为所动。为此，绝望的阿美尼亚斯（Ameinias）饮剑自尽，仙女厄科（Echo）也一天天憔悴下去。这也是高敏感者的悲剧——由于没有接受自己以及对自身的无知无觉，高敏感者很难与别人建立起真诚、深刻的关系。

一日，那喀索斯打猎回来，偶然向着一汪清水低下身去，于是第一次在水中看见自己的倒影。他发现了自己，并因这场相遇感到震撼。关于那喀索斯的神话，曾有一位在电台做采访的记者当场向我质疑，他说，那喀索斯生活的地方遍地都是水源，到处都有水面，他怎么会在整个童年、青少年时期都没有见过自己呢？我对他的惊讶表示惊讶，因为我认识相当多从未见过自己的人！我有一位身处厄运的朋友，但她意识不到自己的苦难，她在机器人的模式下运转，活得像一台机器。我还有一位非常苛刻、蛮横、傲慢的同事，但他不知道自己有这些缺点，还自以为是天才，其他同事皆是无能之辈，他从未审视过自己。我可以继续列举下去……

那喀索斯爱上了他在水影中看到的那个人。不过，他还没有与自己相遇。他不知道他所端详的美貌正是自己的容颜。今天的我们有些过于草率地指出,那喀索斯爱上了自己。其实,他那时并不认识自己,水中的倒影让他感到困惑。这是自我发现的第一步:你不知道你所见到的就是自己。在这个时候驻足不前,会是危险的。

那喀索斯着迷于他看到的美丽,没有想到那美丽出自他自己。他想伸手拥抱,与它融为一体——这是致命的错误。你也可能会犯此类错误:由遇见自己滑向渴望控制自己。不过,那喀索斯越过了这一步。他接受自己,并化作一种令人欢欣的形态:那喀索斯变成一株水仙花,那是春天的第一朵花,也是万物复苏、充满活力的象征。神话里的这一幕栩栩如生。任何有幸看到一片水仙花的人,都会被这生命之花的绚烂所震撼,古人肯定沉醉其中过。如果那喀索斯有错,那么,希腊人必然不会冠之以水仙花的名字,他们或许会选取更阴晦、更骇人听闻的称呼。不过,他们将重生之意赋给了这个单词。[1]

通过遇见自己,那喀索斯得以重生。此后,从自身中解脱出来的那喀索斯向他人、向世界敞开了怀抱。自我接受如同一道闪电,瞬间击中那喀索斯,转变即刻发生。如果不能接受自己,那么,你就是不幸的;你责备自己;你藏躲在虚

---

[1] 拉丁文 Narcissus 既指希腊神话人物那喀索斯,也指水仙花。西方文化中,水仙花的花语包含"重生,复兴"。——译者注

第三十一章 自恋：自觉地做自己是绽放生命的开始

假自我的后面与真实的自己保持距离；你对自己怀有深深的无知和陌生感，因为你不理解发生在你身上的事，也不明白自己为什么不合常规——即周围的、家庭的、学校的以及生活里的种种规范。别人呈现出来的社交生活内容与你的经历、感受并不相符，那些与你无关。你体察到别人难以领会的东西，你因别人的无动于衷而感到不安，于是你责备自己，继而抛弃自己。你发现自己周围存在威胁，其实唯一真正构成威胁的，是你对自己极度的无知。

我们曾被告知，如果踏上邂逅自己、探索自己的旅程，我们将走不出自我（ego）的迷宫。事实上，我们之所以会在迷宫里走丢，是因为我们不知道自己是谁，不知道自己身居何处；说到底，是因为我们不自恋。

转变发生之后，每当我勇敢地审视外壳下的自己，同时敢于面对真实的自己时，我便能找到迷宫出口。我发现自己拥有力量，而且是一股强大的力量。从那里开始，我迈向下一步，自觉接受自己。

当你决定做自己，并接纳高敏感和你的独特性时，你将是自由的。你周围的一切变得更简单、更轻快。你终于体悟到一种平和。

谨　记

认识自己、承认自己、欣赏自己，这有什么不好呢？遇见自己是绽放生命的第一步。

从我能够领会自身的美丽，能够看见高敏感之美时，我便终于有能力会见他人了。

对自己进行探索，你会在自我的迷宫中解放自己。

那喀索斯之名意味着重生，而不是利己。

▌尝试与体验

愿我心情平复，
愿我欢欣无苦，
愿我认得幸福。

每天重复这三句话。在你步行上班或乘车时，无论在哪儿，心里默念它们。

一开始，你可能觉得自己做不到，因为这听上

第三十一章 自恋：自觉地做自己是绽放生命的开始

去略显粗鲁、愚笨、自私。

你可以接受这些想法——这些简单判断源自你所受的教育和社会对个体的格式化，但不要被此类想法困住手脚，它们没有任何理由强迫你做什么或不做什么。

允许自己重复上述三句话，并感受与之而来的所有情绪。

随着时间的推移，一种真正的平和感将慢慢生发出来，而且你也将学会认识你自己。

你将推翻由某些思想施行的暴政——多年来，它们一直蚕食着你的生活。

第三十二章

崇高：无限性的倾泻

> 高敏感体验的核心：激动、兴奋。

对高敏感者以及和他们一起生活的人来说，高敏感者与美有着不同寻常、不可解说的关系。仿佛高敏感者不再只是处于反应过度中，而是处在无限里。

我所说的美，不是一般的、标准化的且在如今被奉为圭臬的伪劣美。我谈论的美，即令人感到震惊、受到鼓舞及激励的崇高。

"崇高"一词在今天已被严重玷污，以至于本意全无。这是令人遗憾的。因为西方曾用几个世纪的时间才让"崇高"一词与它所描述的内容——高敏感的体验相贴合。法语词"*sublime*"源自拉丁语*sublimis*，表示"高的，高雅的"。关于这个单词，有一段美丽且值得被讲述的历史。

第三十二章 崇高：无限性的倾泻

大约在公元一世纪的提比略①时代，一位匿名作者就"崇高"主题写下一部专著：《论崇高》(*Le Traité du sublime*)。这本通篇由希腊文写就的作品以书信体的形式描述了一种世俗体验，这种体验是如此强大、超验，以至于引发统治集团的骚动。在随后几个世纪里，这本著作无疑受到过宗教及政治胁迫，于是销声匿迹了。

不过，这本书没有彻底消失，仍有若干册存留在图书馆。17世纪70年代，《论崇高》再度进入读者的视野。书中内容已残缺不全，最后一部分大概是对言论自由的讨论，该内容已经彻底佚失。文人、诗人兼论战者布瓦洛②（Boileau）让残本重获新生：布瓦洛将它从希腊语翻译成法文，并做注，写序，付梓，随后有了这本书的巨大成功。

《论崇高》一书谈论了各种体验，乍看互不相干，但它们有一个共同准则，即思想和情感的升华。这是一道"雷电"，一种"旨在激发狂喜、令人心醉神迷的毁灭性力量"；不是单一的激情，而是"多种激情的汇聚"，一幅"整体图景"，一种崇拜。布瓦洛在注释中以论说（discours）为例，他认为，崇高不取决于风格上的效果，而关键在于"非同寻常、令人称奇，而且能够升华作品，让读

---

① 提比略（Tibère）系屋大维之子，罗马帝国的第二位皇帝。——译者注

② 尼古拉·布瓦洛（Nicolas Boileau, 1636—1711），法国古典主义的立法者，著有《诗的艺术》。——译者注

者感到迷醉与激动"。

此后，崇高一说照亮了西方思想史。在布瓦洛之后的一个世纪，康德重拾此话题，并向自己发问：美与崇高的界限在哪里？就此问题，康德在《判断力批判》(*Critique de la faculté de juger*)中做过精彩论述。他写道，美是和谐、有序，能够愉悦审美；崇高则完全是另一回事，它不仅仅比美更胜一筹，而且是过度的、强烈的，是一种可以颠覆、震撼人心的宏伟气势，它"超出所有感官的限度"，相较而言，"余下的一切都是渺小的"。

在刻画崇高的同时，康德其实也在描述由高敏感带来的体验，以及它的强度、过度和种种矛盾。在这些矛盾里，烦恼、愉悦、忧郁、最深沉的快乐和我们今天称为"精神"的形而上者相互交织。在崇高的体验中，你并不抵制凌驾于你之上的事物。

崇高是无限性的倾泻。当我们看到狂风暴雨在波涛汹涌的大海上泛起，崇高在这里是纷乱的心绪；当我们望见白雪皑皑的山峰隐匿在云端，崇高是内心的肃穆；晚间的森林，橡树挺立在自己孤独的影子上，崇高是这静谧中的感动；人们瞻仰星空并沉醉其中时，理性沉默了，疑问也不再言语，崇高是一声赞叹。崇高是童年上空的一轮橙红色明月，在我抬头遥望它时，我放下理性，只臣服于那一枚玉轮。

崇高的体验是基础的，不可被简约也不可或缺。我们不是凭借智力获得了这种体验，而是依靠感觉、心灵和情绪。

康德写道:"美如同一种恩惠,崇高则带上了某种形式的约束,似乎要我们身不由己地表示赞同。"我们与美相遇;崇高呢,突然间将我们征服。

他强调,这种强烈且近乎夸张的体验朝向每一个人。在这种体验中,我接受崇高的洗礼、接受共相①的感召,后者在我心中唤起一种敬意,一种使其他一切都显得无足轻重的体会。

崇高,即让自己进入激动状态的能力。高敏感者对此有着深切的体会。康德称高敏感者为"忧郁的人",并认为这类人比其他人更有能力触及崇高。高敏感者能够游离于框架、规范和秩序之外,崇高或许正是为他们量身定制的。我们要摆脱繁重的习惯性行为,以便想象、创造、怀抱激情、参与超越常规的生命运动。伴随着每一次震颤,我们的人性都在舒展。我们走出庸常,并步入另一番天地——在那里,琐碎之事渐消,只有一句豪言壮语,即我们对生活说出的"是"。

在人们对这种前所未闻的敏感以及处世方式的接受中,浪漫主义运动由此诞生。浪漫主义运动重新将大自然、被抛的时间和人的存在联结在一起,它赞颂人与自然的亲密接触,并彰扬情绪、情感的伟大。它提醒我们,如果囿于逻辑

---

① 共相(l'universel)为哲学名词,即适用于同一种类中所有个体的普遍与一般。——译者注

思维，我们便会失去基本的生存体验。在浪漫主义思潮的加持下，满溢的情感、狂喜和忘我的巨大幸福重新变得合法。

诗意的世界值得让你明眸一顾。诚然，崇高是宇宙性的，但它也格外平凡。譬如，我们迎着海浪游泳；或在春日明媚的下午，我们以田野为席，躺下休息。你要允许自己做这些事。

谨　记

崇高不等于美，前者是一种无限性的体验。

康德向高敏感者揭示，通过将这既矛盾又迷人的体验进行到底，他们就会进入极度兴奋的状态。

投身于崇高吧。如痴如醉、激动万分的你进入了忘我的境界。

这种强烈且近乎夸张的体验向每一个人敞开着。但高敏感者比其他人能够更容易进入。

尝试与体验

请你回忆一下自己体验崇高的经历。在这些经历中,你感觉自己被彻底征服。回想一下那些宏大的、宇宙性的时刻,即使它们客观看来不足为奇,比如海边漫步,比如沉浸于自然。

或许,你当时没有留心这些经历。现在回想起来,你意识到它们处在生活的另一个维度中。

对我来说,听一场音乐会可以体验崇高。走进大厅那一刻,我把所有问题抛掷门外,一心步入另一个迷人的世界。

这种崇高与惬意与否无关。不过,在接下来的几周,我的生活多了几缕春风。

它让我想起我的生命其实是丰盈的、繁华的。

自从意识到这一点,我便更有意愿在一年中多去听几场音乐会了。

我把权力交给崇高的、高敏感的体验。

第三十三章

大自然：可以治愈我的一切创伤

解除自己和时间的关系，随世界一起摇摆。

我熟悉杰出的绘画作品；我了解富有魅力的古迹；我也认得非同一般的草木。

在巴黎高速地铁的另一端，坐落着一个狼谷林园（Vallée-aux-Loups）。我在那里看到过一棵奇树——一株巨大的垂枝蓝杉，它枝曲蔓折，竟能覆盖700平方米的土地，真让人难以置信。我常常跟它打招呼。这棵树勉强有150年的树龄，称不上是年代久远的古木。150年的时间在杉树的生命中不足为道，但在我的时间尺度里，我就要经受时间的考验了。面对这样一尊古树，我舍弃了我的时间以及随之而生的问题和忧郁，从而进入到另一个时间维度。我在枝丫下漫步，不时驻足欣赏。它那广袤、深邃、丰盈、安详的时间

第三十三章 大自然：可以治愈我的一切创伤

保护着我，抚慰着我。我感觉自己受到庇护。我放下日常生活里的不和谐因素，并重新做出调整。有时候，我能在这里待上一小时，有时更久。等感觉好些时，我才和它告别。这棵树可以治愈我的一切创伤。

我偶尔需要自我放逐到稍稍远一点的地方，比如，直到大海。大海始终能带给我独特的体验。面朝大海，我不再进行思想，我注视着她——海浪在翻滚，世界在摇摆，我跟上它们的节奏并和海浪融为一体——任凭时间荒芜。我的忧愁消散了，我允许自己沉浸在每一种变化、每一卷波涛、每一片带有大海影子的云朵里。我知道我有权做一朵云，几小时内，我感觉自己同流云一样轻逸。世间万物，不敌眼里这片海。我走出了我那由责任、义务搭建起的小方塔，并感觉到自己周围的空间正向无穷无尽处延展。我消融于此，迷失于此，也在此复原。我得到了治愈。我的问题似乎不再那么明显、沉重。通过重新与生命建立联系，我从自己身上找回一份自信、一股力量——它非常简单、平常，却也极为强大。

我家楼下小樱花树在开花的时候，也有同样神奇的治愈能力。另外，这棵树一年四季都能将我治愈。当我想到它将进入花季，想到在某个清晨我醒来发现樱花树上缀满粉色，我就止不住地微笑。这是一棵普通的樱花树吗？它提醒我，时间不是一成不变的。生命的力量在樱花树上蔓延。看着它，我发现生命的力量也在我身上、在我们身上伸展。我变得鲜活如初。身处此时、此地、此刻，我开心极了，我再次与现实同步。我任由自己欢喜，直到自己也变成樱花里的一抹粉色。

在做调研期间，我发现一份早先的且在见刊时鲜有人关注的科学研究。该研究出自美国建筑师罗杰·乌尔里希（Roger Ulrich）。为设计调节性强的健康设施，乌尔里希认真修读了环境心理学的课程，随后成立了一所独具特色的跨学科研究中心，两门学科——建筑学和医学得以在此结合。后来，他离开了建筑师事务所，将职业换为医疗环境顾问。

1984年，第一项研究成果——长期调查的目标，被发表在门槛极高的《科学》（Science）杂志上。研究主体是做过胆囊切除手术的病人，这种手术会让病人在术后阶段非常痛苦。医院里的这类病人，有些躺在对面就是混凝土墙面的病床上，有些躺在可以望见树木的病床上。调查发现，前者，即只看到混凝土的病人，比看到树木的病人需要多住一天院，需要更多的止痛药，而且遭遇的并发症也更多。用护理人员的话说，前者需要用更多的时间才能恢复精神，扬起嘴角，并有心情开玩笑。

当这一颇为小众的课题开始吸引更多人关注的时候，其他研究在随后若干年被相继展开，其中最令人惊叹的一项出自2008年堪萨斯大学园艺系的两位研究者——帕克（Park）和麦特森（Matson）。他们的研究对象是刚经历阑尾切除手术的病人。这些病人被分为两组，其中一组所住的病房里摆放着植被或鲜花，另一组人的病房则没有这些。令人讶异的

第三十三章 大自然：可以治愈我的一切创伤

是，和后一组相比，与植物接触的病人所需要的止痛药少很多，他们的压力水平、焦虑程度也明显更低。

另外一项比较研究是以囚犯做实验对象。结果表明，若犯人的牢房朝向花园或树木，他们去医务室的次数更少。此类研究在今天相对多了起来，例子也不胜枚举。

这些数据彻底改变了我们对大自然的认识。几个世纪以来，社会的主流观念均是大自然外在于我们。我们喜欢把大自然当作一个美丽的奇观来看，却忘记我们也是自然中的生物，是大自然的一部分，我们并不是大自然的对立面。只有高敏感者知道并领会到了这一点。

屋外那棵树，满枝繁花。如果说它能够把我治愈，那是因为我不仅在凝望，而且也在感受。

注视它的时候，我猜想着，生命正在它身上舒展，也同样正在我身上伸张吧。樱花树给我提供支撑与滋养，推着我和它一起进入生活。援引梅洛-庞蒂（Merleau-Ponty）的术语，这便是大自然"有效的在场"[①]（présence opérante）。

这对每个人都能起作用，尤其对生活在紧张、无序以及矛盾中的高敏感者。高敏感者深切需要一个可感觉的、充满活力的环境，这样的环境有它的简单和丰饶之处，能够让高敏感者得到安慰。除了与环境和谐共生，没有任何事强加在

[①] 大自然"有效的在场"，即大自然能够对人产生效力和影响。
——译者注

她或他身上。

在你觉得不知所措时，在你的触角也惶惶不安时，走出去吧。去凝望一棵树，静赏一朵花，暂时忘记自己的身份——你就是那棵树、那朵花儿。你和它们一样，你也要舒展自己，填充一些天地。生命的运动就在那里，它始终变幻着，你要允许自己加入它们。没有什么是不变的……

谨 记

高敏感者对大自然有着本能的渴求。尊重这种渴求是重要的。

我们首先是有生命的个体，我们有必要知道如何与其他生命产生关联。

一系列科学研究证实了大自然的治疗功效。它可以只是一株绿植或一束鲜花。

第三十三章 大自然：可以治愈我的一切创伤

▎尝试与体验

大自然不一定是指茫茫林海，她也可以是你家附近的一池湖水。

你将养成时不时到那里散步的习惯，并带上全部的高敏感，也就是说，让你的高敏感自由绽放，无须对它进行过滤或保留；你也无须试图理解为什么这只小虫或这朵花儿竟能让你驻足。

接受一切，每一次散步都是全新的体验。

有一次散步，我遇到一只自己从未见过的怪模怪样的绿色小昆虫。

我的目光惊扰到它了吗？我看着它的甲壳——其实是翅膀，它扑扇开翅膀，飞向天空，直到飞出我的视线。

这个可爱的奇迹让我着迷。

第三十四章
高敏感是一种被选择的天赋

高敏感者为什么能在物竞天择中胜出。

高敏感可以发挥什么作用呢？针对这一奇怪的问题，美国儿科医生、儿童精神病学家W. 托马斯·博伊斯（W. Thomas Boyce）对高敏感的遗传性做了大量研究。他在一次会议上遇到了志同道合者——美国心理学家布鲁斯·艾里斯（Bruce Ellis），后者曾在顶级科学期刊多次发表文章。于是，二人组队迈向同一个目标，即解释为什么百万年来，高敏感者一直受进化过程的保护。

具备高敏感的，不仅仅只有人类。博伊斯联系了研究猕猴种群灵长类动物学家史蒂夫·苏米（Steve Suomi），两人合作完成一系列极精细的实验，包括测量猴子耳朵里的温度：在最害羞和对压力反应最强烈的实验对象身上，右耳中

第三十四章　高敏感是一种被选择的天赋

的温度要比左耳中的高,这说明大脑两侧的功能存在差异。种种实验表明,面对新情况或能够引发紧张的情况,猴群中有15%—20%的猴子会表现出"高度反应"的特征,人类也是如此。

个体经历不是引发"高度反应"的唯一因素,该特征首先源于神经或者说机体的敏感性。博伊斯[1]肯定道,它被记录在我们的表现型[2](phénotype)里,是我们的基因、DNA的表达。这种奇怪的现象可溯源至百万年间在进化过程中产生的突变。

如果这些突变在进化过程中受到保护,显然是因为它们发挥了作用,否则便会被淘汰。它们甚至发挥着双重作用,博伊斯确信:无论是在受高敏感者偏爱的和平环境中,还是在有压力的境况下,"高度反应"均能提高个体的幸存几率,因此也能增加种族的生存机会。

如果我们熟悉高敏感者的行为模式,博伊斯的表述便好理解了。

气氛紧张时,高敏感者自史前时代就开始充当瞭望者的角色。因为他们有发达的触角,可以比他人早先察觉到危险,并提前告知群体。他们从地面上的一道痕迹、异常散开

---

[1] W. Thomas Boyce, *L'Orchidée et le Pissenlit*, trad. A. Souillac, Michel Lafon, 2020.

[2] 生物学术语,指某一生物体所有性状的总和。——译者注

的树枝中便能看出近处有捕食者或猎物；知道暴风雨要来临；知道这个岩洞不够安全，或哪块岩石有坠落的风险。

风平浪静时，高敏感者对群体也不可或缺。他们的开放性和易感性总能让他们区分出哪些植物可食用，哪些可疗伤；判断环境的卫生程度；探究由新事物提出的挑战；开启种植、饲养的第一步；发明工具；等等。总之，他们在群体的繁荣和健康化方面功不可没。

"我们现在知道，反应性（réactivité）和人类群体内部的疾病、精神问题有关。它不可思议地持续存在着，这或许是因为它能在逆境中给人提供保护。"博伊斯说。他也强调道，特定社会需要15%—20%的人成为高敏感者，以维系社会的正常运转。高敏感者在某些方面确实比其他人脆弱。但更重要的是，高敏感者拥有非凡的能力。

W. 托马斯·博伊斯从他的研究中得出另外一个结论：一些高敏感者比其他人更经常生病，而其他人则在身体和心理上更健康。猕猴和人类都有这种情况。

除了高敏感的遗传因素，他也提到另一个促使高敏感者进化的因素，即高敏感者的成长和生活的环境。在舒适、和平的环境中，他们的高敏感得到认可，他们也比大多数人更强壮。在优良环境的滋养下，高敏感似乎赋予他们额外的发展自我的方式。

回望历史有助于理解自己的过往。我的童年过得并不轻松：我的父母当然是可亲的，不过他们既没有时间也没有足

第三十四章　高敏感是一种被选择的天赋

够的知识接纳我的高敏感，倾听我需要更多关注的呼声。他们一心想要镇压我那高敏感的一面，希望我可以像其他小孩一样。这让我感到害怕。那时的我经常病恹恹的，动不动就会发火，而且时常慌乱。

尽管这些记忆挥之不去——对有些人来说，它们还会给心灵带来很大伤害——但在之后的时间里，我为自己打造了一个安全且可以信赖的环境，我的高敏感得以转化为一种优势，并成功融入我的生活。我现在明白，即使那时年幼，而且囊中羞涩，我也需要在家里给自己安置一个书架。住处小小的，一个书架要占用很多空间，但能被我心爱的、给我带来养料的书籍包围，我感到无比欣慰。我本能地知道这一点。我当时没有意识到我的健康，以及我对世界恰到好处地敞开心扉，正是源于那个书架带给我的情感上的安全感。

幸好我们不会用整个人生背负童年的包袱：高敏感者从来不是有罪的，他始终拥有重新开始的权利。这或许就是进化过程挑选高敏感者的原因，众多身怀其他特殊性的个体肯定存在过，但终究消失了。

在人生的任何时刻，你都可以"拨乱反正"，认清然后创造属于你的安全空间，即一个可以将高敏感转化为力量的社会及情感环境。在这样的空间中，可以有几个相处舒服的朋友，或是能够让你大展身手的工作，或是与你有真正、深厚联系的孩子们。它可以是你家里的一个房间，你把喜爱的物件放进去，这个房间让你感到舒适，它能和你说话，抚慰你的心灵。创造这样的环境绝非一日之功，但这是值得的……

谨　记

不要因为自己是高敏感者而自责，因为这种特质已经刻在了你的基因里。

高敏感极其珍贵，所以在百万年的进化过程中始终被保留了下来。

任何社会都需要15%—20%的人成为高敏感者，以便社会运作和发展。

通过打造一个能带给你安全感的空间，你便可以在那里溯源而上，尽兴绽放，并可以将高敏感转化为巨大的力量。

第三十四章　高敏感是一种被选择的天赋

▋尝试与体验

我们每个人都有安置自己身心的地方和一个情感上的避风港。得益于这些，我们可以充分发展自己，并向世界敞开心扉。不过，这样的地方不是横空产生的。

你需要投入一定的时间，而且要对让感到安全的地方和情境进行归类，然后一个个排除，直到找到"你的"锚点。

接下来，是你来发展它、保护它，并确保它能给你提供必要的支持，以使敏感成为一种力量。

结 尾
幸福恰到好处

我遇见安娜-索菲·彼克（Anne-Sophie Pic）那天，她正从她的花园回来，怀里抱着一束幽香四溢的野花。带着满身阳光，她准备换个方式重新搭配万寿菊和墨西哥龙蒿，再加一些绿豆蔻。"我可能过度追求味觉平衡的完美"，这位高敏感者向我坦言，前面还有一句，"生活的精髓可能就在这里了"。

那一天，米其林三星女厨师给我上了一堂幸福课，一言蔽之：恰到好处。她用自己的话告诉我："恰到好处，对我来说自是不在话下。这是烹饪的基础：若您觉得一头雾水，唤不起任何情感，那就不要动手了。不过，也不都是如此：恰到好处的闪现可遇不可求。有平的、凹陷的、凸起的……"

恰当的艺术，即高敏感的艺术，也是幸福的艺术。我暗自思忖，但并不能诉诸推理或智力，不能用强度或数量衡量它，无法对它做计划或预测。然而，我们能够领悟它，能够

结　尾　幸福恰到好处

用我们丰沛的、完整的感受去觉察它。它是真实的艺术，仅此而已，是高敏感者用身体里的所有纤维、头脑里的所有思想感受到的真实。

它是一段爱情故事；它是祖母从烤箱取出她的奶酪派时脸上挂起的微笑，如此简单，又如此美好；它是在母亲节或父亲节时，孩子带回来的一张画；它是喜剧演员适时摆出的语调和撂下的妙语；它是菜农看到自己种的番茄结出第一茬果实时的喜笑颜开；它是我们立刻想要分享、传递的欢快情绪；它是一种成就感，透过它，我们知道我们饱满的人性正在舒展。

我们把幸福界定为一种持续的舒适状态，一条既无隆起也无凹陷的坦途，一类感到满足的替代物。幸运的是，高敏感者的生活并不与这一狭隘的说法相呼应。

高敏感者的生活是真实的生活。它持续追求"哇哦!"与崇高，追求真相与公正；它不满足于浅尝辄止；它要求你撸起袖子接触现实；它要你投身于你的所爱。

你会有经历挫折的时候，它们是生活的一部分。这是一种福分——因为它们，你不满足于庸常，你总会在追求中走得更远。你会在一条本身就是幸福的道路上前行。

因为这是所有高敏感者找到的钥匙：幸福，即参与生活。我们都深爱着某些东西。你呢？你爱上了什么？找到自己的方式和道路，让自己从自身的真实里得到滋养。领受这份礼物吧，是它为你带来最初的喜悦，真正的幸福……

致 谢

献给迪耶纳·卡雷·塔热尔（Djénane Kareh Tager），无论风向如何，他都确保火势在安全范围内。

献给亚历克斯·拉维（Alexis Lavis），他总会为伟大、崇高的冒险做好准备。

献给阿德里昂·弗朗斯·拉诺尔（Hadrien France Lanord），最重要的一点，他始终在我身边。

几场深刻相逢润泽了本书内容，谨此感谢：

米歇尔·勒万·凯昂（Michel Le Van Quyen）热情分享他在认知科学方面的研究成果。

弗朗西斯·托莱勒（Francis Taulelle）极为诚恳地为我指明人类精神中不为人知的小径。

菲利普·艾姆（Philippe Aim）和我多次讨论《塔木德》，我对雅各故事的许多解读，要归功于他。

卡特琳·瓦塞（Catherine Vasey）非常乐意与我分享她

对职场里新形式的苦难的深刻体验。

埃里克·萨弗拉（Éric Safras）在我发布一段视频（YouTube频道）之后写信给我，分享他对超级英雄含义的体会。

感谢所有写信给我的人，尤其是在社交网络上，他们和我分享他们的人生经历与困顿——是他们推动我完成了这本书。

感谢让娜·西奥-法克尚（Jeanne Siaud-Facchin）、W.托马斯·博伊斯、克里斯特勒·珀蒂科兰（Christel Petitcollin）、伊芙琳·格罗斯曼（Evelyn Grossman），他们的工作让我开始向高敏感提出问题。

这本书能够问世，也要归功于他们：

苏珊娜·雷阿（Susanna Lea）总是欣于为我的书籍做辩护，并用如此多的爱守护它们。

纪尧姆·罗贝尔（Guillaume Robert）以尤为深刻的准确性、理解力以及令人振奋的热情，陪伴着我。

安娜·布隆达（Anne Blondat）带着能够切中肯綮的诚意，知道如何谈论我的书籍。

感谢约瑟芬娜·巴塔勒（Josephine Batale）、拉米娜·迪亚比（Lamine Diaby）和阿利纳·瓦西利维夫（Halyna Vasilyev），总是笑语盈盈，心怀善意，他们是我神话般宝塔里的守护天使。